苹果病虫害防控研究进展

第 10 卷

曹克强　王树桐　胡同乐　主编

中国农业出版社

北　京

图书在版编目（CIP）数据

苹果病虫害防控研究进展. 第 10 卷 / 曹克强，王树桐，胡同乐主编. —北京：中国农业出版社，2021.10
ISBN 978-7-109-28810-2

Ⅰ.①苹⋯ Ⅱ.①曹⋯ ②王⋯ ③胡⋯ Ⅲ.①苹果—病虫害防治 Ⅳ.①S436.611

中国版本图书馆 CIP 数据核字（2021）第 201667 号

苹果病虫害防控研究进展　第 10 卷
PINGGUO BINGCHONGHAI FANGKONG YANJIU JINZHAN

中国农业出版社出版
地址：北京市朝阳区麦子店街 18 号楼
邮编：100125
责任编辑：阎莎莎　文字编辑：刘　佳
版式设计：王　晨　责任校对：周丽芳
印刷：中农印务有限公司
版次：2021 年 10 月第 1 版
印次：2021 年 10 月北京第 1 次印刷
发行：新华书店北京发行所
开本：787mm×1092mm　1/16
印张：10.5　插页：12
字数：240 千字
定价：60.00 元

版权所有·侵权必究
凡购买本社图书，如有印装质量问题，我社负责调换。
服务电话：010‑59195115　010‑59194918

《苹果病虫害防控研究进展》

第 10 卷

编 写 人 员

主　　编　曹克强　王树桐　胡同乐（河北农业大学）

副 主 编　李保华（青岛农业大学）

　　　　　孙广宇（西北农林科技大学）

　　　　　张金勇（中国农业科学院郑州果树研究所）

　　　　　王勤英（河北农业大学）

参编人员（按姓名音序排列）

曹咏春	董立新	杜国强	杜敬斌	付　友	高　华
贾永华	孔宝华	里程辉	李国安	李建成	李宏建
李前进	李晓龙	李云国	李云皓	练　森	刘霈霈
刘　志	鲁兴凯	吕德国	马爱红	马　钧	孟祥龙
缪振然	聂继云	聂佩显	潘成国	秦嗣军	屈军涛
任维超	邵建柱	宋　萍	王彩霞	王春良	王金政
王俊芹	王雷存	王晓燕	魏　宏	解云彪	薛晓敏
杨亚州	尹新明	于年文	苑峰会	张凤巧	张莲英
张新生	张秀美	张学英	张彦明	张　瑜	张振芳
张　召	赵云和	赵政阳	周晓康	邹养军	

前　言

2020 年在人类历史上是不平凡的一年，新冠肺炎疫情的全球大流行影响到了每一个人的生活，也对苹果产业产生了重要的影响。而 4 月在陕西、山西、河北等苹果产区再次发生了花期冻害，给部分果农造成了严重损失，上一年度苹果价格的低迷也对果农提高果品品质提出了更高要求。

一年来，国家苹果产业技术体系病虫害防控研究室的岗位科学家及团队成员克服疫情的影响，通过线上授课形式坚持开展技术培训，在疫情得到有效控制后，又开展了大量调研及技术培训，2020 年累计开展技术培训 47 场次，培训果农和基层农业技术人员 7.9 万余人次。本书列出了以下取得的重要阶段性进展及成果：提出对腐烂病、疫腐病、黑星病、重茬病、橘小实蝇等较成熟的防控技术方案；对腐烂病初侵染来源又进行了有益的探索，发现病菌可以通过种苗传播，可以认为腐烂病菌是一种机会致病菌；此外，我们继续对一年来的国内外苹果病虫害研究进展进行了总结。

2020 年，我们也看到了一些新问题，如一些危险性的病虫害包括苹果枝枯病已经穿越茫茫戈壁进入河西走廊地区，橘小实蝇活动范围进一步扩大，黑星病在一些产区发生日趋严重，这都需要引起高度重视。

本书的编印和出版，得到了国家苹果产业技术体系（CARS-27）、河北省农业高质量发展关键共性技术攻关专项项目（19226508D 和 20327405D）、新疆生产建设兵团科技发展专项资金（2018AB035）和新疆生产建设兵团第二师科技攻关项目（2019NYGG01）的资助。国家苹果产业技术体系的 26 个综合试验站提供了相关数据和资料，在此一并表示衷心的感谢！

由于编者水平有限，一些内容难免有误，恳请同行和技术用户批评指正。

编　者

2021 年 2 月

目　　录

第一章　果园管理方案与技术

2020 年苹果病虫害防控研究室的重点任务

病虫害防控研究室 * 　曹克强　李保华　孙广宇　张金勇　尹新明

2019 年 12 月 26 日下午于洛川，在国家苹果产业技术体系召开年度工作总结会期间，病虫害防控研究室 5 位岗位科学家和团队成员王树桐、梁晓飞、任为超、涂洪涛、席玉强对 2019 年苹果病虫害发生情况进行了梳理并对 2020 年的工作进行了讨论。

大会讨论认为，2019 年我国苹果虽然没有遭受类似 2018 年春季的冻害，但是由 2018 年冻害引发的后续效应有所体现，突出表现为腐烂病在西北产区有所反弹。分析原因主要是 2018 年的花期冻害，使得果农对果园投入的积极性受到影响，加上夏秋季雨水偏多，早期落叶病发生较重，树体营养储备不足，导致 2019 年春季腐烂病在陕西、甘肃等省份发生较为严重。2019 年渤海湾苹果产区受春季干旱和后期降水的影响，尤其在矮砧密植园果实皴裂发生较多。橘小实蝇除在云南有所发现并造成一定危害外，在我国北方苹果主产区虽有发现，但并未在生产上造成危害，值得引起关注。苹果枝枯病在新疆部分地区已有发生，对苹果、梨、山楂等果树造成了一定影响，如何防止这类危险性病害向外传播是一个需要认真应对的问题。苹果黑星病在陕西、甘肃有所发生，局部地区发生较重。果实霉心病在甘肃天水以及陕西关中地区发生偏重，也需要引起重视。

针对这些问题，大会认为在 2020 年我们要继续做好对病虫害的监测以及对发生规律的研究工作，加强对药剂的评价和检测、防控产品的研发，优化区域性总体病虫害防控方案并在试验区做好示范和果农培训工作，帮助果农提升果品品质，创建苹果品牌，形成良性互动。在此基础上，还要做好以下共性工作：

（1）在 2020 年 2 月，成立苹果病虫害绿色防控协作组，旨在进一步加强国家

---

　* 病虫害防控研究室为国家苹果产业技术体系病虫害防控研究室的简称，其他研究室同。全书同。

苹果产业技术体系病虫害防控研究室和体系试验站及核心示范基地的联系，就目前苹果病虫害绿色防控技术发展现状、推广方法和制约瓶颈进行研讨，形成共识，团结协作，共同促进我国苹果病虫害绿色防控技术的推广应用，为苹果产业的持续健康和高质量发展提供解决方法和应用案例。

（2）病虫害防控研究室成员准备在暑期集体对西藏林芝贫困地区的果农进行技术培训，并对发生在该地的病虫害种类及危害程度进行调查。

（3）继续做好对橘小实蝇的监测和枝枯病的防控研究工作，优化免套袋果园的病虫害防控方案。

由于岗位科学家的变动，对 2020 年的岗站对接工作进行了调整，情况如下：曹克强对接保定、石家庄、昭通、川西高原、平凉、熊岳综合试验站和西安果友协会，李保华对接青岛、烟台、葫芦岛、咸阳、天水和威海综合试验站，孙广宇对接伊犁、三门峡、阿克苏、渭南、宝鸡、泰安和晋中综合试验站，张金勇对接三门峡、运城、银川、洛川、昌黎和牡丹江综合试验站，尹新明对接三门峡、商丘、晋中、平凉、延安、天水和青岛综合试验站。

新冠肺炎疫情对苹果园春季管理的影响及对策建议

河北农业大学植物保护学院　王树桐　曹克强

目前（2020 年 2 月），防治新型冠状病毒肺炎疫情正处于关键时期，估计达到有效控制疫情及生活和生产活动恢复到正常秩序还需要一段时间。受到人员流动管制措施的制约，果园雇工、农资运送以及技术培训等都受到很大影响，如果春季果园管理工作做不好，势必会对 2020 年的果品产量和质量造成很大影响。对于这一特殊时期的果园管理，我们提出如下建议：

1. 克服困难，抓紧时间开展修剪工作　据调查，很多果园都还没有完成修剪，甚至一些果园还没有开始修剪。随着气候逐渐转暖，修剪已经成为果园工作的当务之急。鉴于多数村庄采取了封闭村庄路口限制进出的管控措施预防新冠肺炎，导致往年临时聘用外来懂技术农民的方法难以实施，因此在这一时期，建议聘用本村已经过 14 天以上隔离期、无对外接触的村民尽快到果园开展修剪工作，通过延长修剪时期来弥补人手短缺造成的影响。由园主或技术负责人一边指导一边开展修剪，对于剪锯口要在当日涂抹伤口愈合剂，防止病害对剪锯口的感染。在果园劳动期间，所有人员要佩戴口罩，每人一行，不扎堆，尽量减少不必要的语言交流，做好个人防护工作（图 1-1）。

图 1-1 技术人员在进行果园修剪

2. 萌芽前的果园清园 一般在修剪完成后统一进行果园清园工作。将修剪下的枝条移出园外，有条件的地方可以将枝条粉碎还田。对于田间的落叶要进行清理，并就地掩埋，减少金纹细蛾、黑星病、早期落叶病等有害生物初始数量。对于发现的腐烂病病斑要进行刮除，对患病部位可以涂抹甲硫·萘乙酸、腐殖酸铜等药剂，或者采用木美土里菌肥与土按照 1∶3 的比例混合，加水混成菌泥，涂抹伤口并用布包扎。对于新建园建议对主干涂轮纹终结者 1 号微生物菌剂，预防枝干轮纹病菌的后期侵染。全园的化学防治可以使用 3～5 波美度石硫合剂或 400 克/升氟硅唑乳油 3 000 倍液或 25% 丙环唑乳油 2 000 倍液。对于大型现代化果园，可以在完成 100 亩*左右或一个地块的修剪后，即开始使用弥雾机对该地块进行喷药清园；

---

* 亩为非法定计量单位，15 亩＝1 公顷。全书同。——编者注

对于家庭果园来说，可以在完成全部修剪后喷施。

本研究室拟在疫情管控期间开展如下技术服务：

1. 通过"果树卫士"微信平台为果农提供技术服务 果农朋友们可以在微信上搜索"guoshuweishi"公众号加关注，我们将在微信平台上不断发布技术文章，供果农学习参考。同时，果农也可以在微信平台上提出问题，我们将依托微信平台为广大果农提供技术服务。

2. 通过"全国苹果病虫害防控协作网"（http：//www. pingguo-xzw. net/）**和"苹果病虫害防控信息网"**（http：//www. apple-ipm. cn/）**提供线上服务** 我们已经运行两个苹果病虫害防控技术专业网站 10 余年，为广大果农和技术人员提供了广泛的病虫害防控技术信息。我们将继续维护好这两个网站，并在疫情管控期间推送果园管理尤其是病虫害防控技术，为果农提供线上服务。

3. 利用微信群为果园提供个性化远程指导 利用已经建立的微信群，为相关果园继续提供远程技术指导，相关果园的园主和技术负责人可以通过微信群提出果园的技术问题，我们将尽快通过微信群或者通过微信视频对果园进行技术指导，解决果园的生产问题。

4. 通过"苹果病虫害防控协作网"QQ 群继续为果农提供在线技术服务 2015年我们建立了"苹果病虫害防控协作网"QQ 群（群号 364138929），通过 QQ 群为广大果农提供公益性技术服务。在疫情管控期间，现场培训等服务方式难以实施，我们将继续通过 QQ 群为大家提供远程服务，果农朋友可以通过发送图片、视频等提出技术需求，我们将尽自己所能为大家答疑解惑。

一年之计在于春，希望广大果农越是在艰难的时刻，越要树立必胜的信心，疫情过后，未来的生活会更加美好。

果园开春时不要进行旋耕除草

果树种植新技术平台 曹咏春

开春旋耕除草施肥，不是勤快，而是破坏（图 1-2）。今天我们暂且不说生草能够保土、保水、保肥、保温、保气、减少某些病虫害等好处，单说开春除草的一系列害处。

上一年秋施基肥通过叶片转换的有机营养，随着秋冬气温的不断下降，贮藏营养也不断下沉，果树进入冬眠，树液不再流动，营养不再循环，贮藏营养主要集中在果树的根系。开春，随着气温回升，树液流动逐渐加强，贮藏营养从果树

图 1-2　果园内进行除草工作

根系慢慢提升到果树地上部。果树因为是先花后叶，开春萌芽、长根、抽枝、展叶、开花、坐果所需的大量营养都来自根系的贮藏营养。开春旋耕除草会带来以下危害：

（1）开春除草，必然断根。俗话说"人怕伤心，树怕伤根"，开春营养主要是供给树上需求，一旦伤根或断根，果树无法在短时间内依靠自身进行修复。根系是果树"吸水吃肥"的"嘴巴"，根断根伤，岂能吸水吃肥？

（2）开春的根系是贮藏营养的仓库，在叶片成熟之前，开春之后树上的一切活动都要依靠根系的贮藏营养来完成，断根就意味着抛弃和浪费营养，果树的前期生长就将遭受极大遏制，最终导致花落果少、枝条细短、叶片薄小、树势衰弱。

（3）冬春本来干旱少雨，土壤缺墒，把果园旋耕得寸草不生、一毛不拔，开春风吹日晒，蒸发量较大，土壤里仅有的一点水分也将烟消云散，即使浇水，几天过后水分也所剩无几，造成地皮龟裂，拉断根系。

（4）果园生草具有"天旱防虫，雨涝防病"的作用。果园里没有茵茵青草，温度难以平衡，昆虫稀少，蚂蚁增多，致使蚜虫和红蜘蛛泛滥，仅仅依靠药物控制于事无补或效果甚微。

图 1-3 是我们在下乡途中拍摄的，园主把生鸡粪摊在果树行间，用水灌溉，然后等地面能进入后，用旋耕机深旋，把生鸡粪与土搅均匀。这样不仅烧根，而且容易断根，以致果园出现全园小叶现象，甚是严重。

总之，开春旋耕除草施肥，不是勤快，而是破坏。希望引起广大果农的注意。

图 1-3　在果园内使用生鸡粪

苹果年周期植保管理历

河北农业大学植物保护学院　曹克强　王树桐

说明：①该年周期植保管理历是以物候期为主线进行编写的，各地应用时要根据物候期进行适当调整；②该年周期植保管理历的制定主要以红富士苹果为依据，其他品种可以参考进行微调；③不同产区、不同年份病虫害发生种类和发生程度都会有变化，各地需要根据当地气候特点及病虫害发生特点调整部分药剂种类和用药次数。

1. 休眠期到萌芽期

（1）9—11 月进行秋季施肥，以强壮树势，均衡施用氮磷钾大量元素与钙、硼、锌、镁、铁等中微量元素，腐烂病高发地区增施钾肥。

（2）春节后进行冬季修剪，修剪后立即对剪锯口涂甲硫·萘乙酸等涂抹剂或膏剂保护伤口。

（3）清除病菌，做好果园卫生。清除死枝；治疗腐烂病病斑，刮治后伤口涂甲硫·萘乙酸等杀菌剂或者用微生物菌剂制成菌泥包扎伤口；刨除病（死）树；轻刮轮纹病病瘤，然后用轮纹终结者 1 号等生物涂干剂涂干。

（4）萌芽前，用 400 克/升氟硅唑悬浮剂 4 000 倍液＋丝润（表面活性剂）3 000 倍液全园喷施清园。

2. 花期前后

（1）花芽露红期，使用 25％苯醚甲环唑悬浮剂 4 000 倍液或 25％腈菌唑乳油 2 000 倍液＋海藻素 400 倍液＋可溶性钙、硼等中微量元素肥＋5％高效氯氟氰菊酯水乳剂 1 500 倍液＋34％螺螨酯悬浮剂 4 000 倍液＋丝润（表面活性剂）3 000 倍液。（注：果园如历年无红蜘蛛危害可以不添加螺螨酯，有苹果绵蚜和介壳虫的果园另外用噻虫嗪或 600 克/升吡虫啉悬浮剂灌根治疗。）

（2）落花 80％到落花后 7 天，使用 10％多抗霉素可湿性粉剂 1 000 倍液或 500 克/升异菌脲悬浮剂 2 000 倍液或 30％吡唑醚菌酯悬浮剂 2 000 倍液或 40％腈菌唑乳油 4 000 倍液＋5％氯虫苯甲酰胺悬浮剂 1 500 倍液＋22％氟啶虫胺腈水分散粒剂 5 000 倍液＋叶面钙肥。（注：花期遇降水时必须喷这遍药。）

3. 幼果期（落花后到套袋前）

（1）落花后 15～20 天，使用 25％苯醚甲环唑悬浮剂 4 000 倍液或 46％多抗·锰锌可湿性粉剂 1 000 倍液或 30％吡唑醚菌酯悬浮剂 2 000 倍液＋70％吡虫啉水分散粒剂 5 000 倍液＋25％甲维盐·灭幼脲悬浮剂 1 000 倍液。

（2）落花后 30～40 天（套袋前），使用 50％甲基硫菌灵悬浮剂 1 000 倍液＋500 克/升异菌脲悬浮剂 2 000 倍液＋22％氟啶虫胺腈水分散粒剂 5 000 倍液＋34％螺螨酯悬浮剂 4 000 倍液＋钙肥。

4. 果实膨大期（套袋后到采收前）

（1）10 年以上果树，套袋后到 7 月间，需要重刮皮，将主干、骨干枝上的粗翘皮刮干净。

（2）落花后 60 天（6 月中下旬），使用 1∶2∶200 的波尔多液或 80％碱式硫酸铜水分散粒剂 2 000 倍液或 80％代森锰锌可湿性粉剂 800 倍液＋3％苦参碱水剂 1 000 倍液。

（3）落花后 75 天（7 月上旬），使用 42％唑醚·戊唑醇悬浮剂 3 000 倍液＋5％阿维·甲氰微乳剂 1 000 倍液＋丝润（表面活性剂）3 000 倍液。

（4）落花后 95 天（7 月下旬至 8 月上旬），使用 30％吡唑醚菌酯悬浮剂 2 000 倍液＋丝润（表面活性剂）3 000 倍液。

（5）落花后 115 天（8 月中下旬），针对炭疽叶枯病易感品种，使用 42％唑醚·戊唑醇悬浮剂 2 000 倍液＋3％苦参碱水剂 1 000 倍液＋丝润（表面活性剂）3 000 倍液。

（6）落花后 145 天（9 月中下旬），使用 30％戊唑醇悬浮剂 4 000 倍液＋磷酸二氢钾 800 倍液。

5. 采收后

（1）11 月上旬，喷施 0.3％的尿素，此次喷药时可以混配戊唑醇等杀菌剂。

（2）11 月中下旬，喷施 3％的尿素。

（3）11 月底，喷施 5％～6％的尿素。

苹果园病虫害春季管理

河北农业大学植物保护学院　曹克强

2020 年的新型冠状病毒肺炎疫情，给大家无论是生活还是工作都带来了很大的影响，做好个人防护、远离病毒感染的同时，也要不误农时，抓紧时间做好果园管理，为果园丰收打下基础。2—4 月，需做好果园病虫害的春季管理，具体如下：

一、病害

1. 腐烂病　腐烂病是苹果树最重要的一种病害，有些人称它是苹果树的癌症。该病分溃疡型和枝枯型两类，溃疡型更为常见（彩图 1-1）。

该病的发生与树体营养含量关系密切。生长季叶片经过光合作用可以制造营养，用于果树在夏季和秋季的生长结果、冬季越冬和翌春果树的发芽开花，这期间消耗的都是生长季的储存营养。因此，春季是一年当中树体营养含量最低的一个季节，也是苹果树腐烂病呈现症状和发展最快的时期。但这只是病害在外部显露症状的时期，实际上在冬季 11 月至翌年 2 月，腐烂病菌在木质部、韧皮部的扩展长度是表皮的 3～5 倍。研究表明，只要湿度适合，冬季 0℃时腐烂病菌也可以侵染发病。

腐烂病最主要的侵染途径还是通过修剪造成的伤口，调查发现，60％～80％的腐烂病源自剪锯口。另外一些伤口，可能是虫伤、冻伤或轮纹病发生后引起微小伤疤，这些伤口都可能成为病菌入侵的通道。

2. 轮纹病　轮纹病是渤海湾苹果产区最主要的病害，根据发生部位的不同分为枝干轮纹病和果实轮纹病。该病大多通过苗木的远程运输传播，所以新建果园应特别注意防护轮纹病。近七八年来，该病一直向我国西部转移，陕西洛川、甘肃灵台等地均有发现，静宁部分果园也有发生（彩图 1-2～彩图 1-4）。

轮纹病的发生也与树体营养有关。该病的发生顺序是由基部的主干至中心干，发展到树体上部才开始侵染侧枝。侧枝显露症状比较晚，往往一两年以后才开始发生，主要原因是侧枝的营养含量比主干要高，叶片在进行光合作用以后，营养是先供给侧枝再供给主枝和主干的。发病树皮初期产生病瘤，之后病瘤连在一起形成粗皮。轮纹病的发生是一个缓慢的过程，会消耗树体大量的营养，使结果年限降低，影响花芽分化，降低果品质量。树体含水量较低时还会变成干腐，干腐病发展得很快，枝干失水以后出现一层小黑点，造成死枝，甚至是死树。目前该病很难根除，因此还是要以预防为主，在病害还未发生时注意预防，才能事半功倍。

3. 白粉病 该病发生的时间较早，基本上在3月开始发生，4月症状就已经比较明显。病菌主要在鳞芽和嫩枝上越冬，翌春温度上升以后，子囊孢子开始释放，侵染后新梢就开始发病。王林、美国8号、莫里斯等部分品种上发生严重。

4. 锈病 该病这两年在我国西北苹果产区的发生处于一个上升的态势。原因可能是西北苹果产区的降水量逐年增加，有时地方年降水次数和总量不亚于渤海湾苹果产区。我们对2019年的降水情况进行分析后发现，黄土高原春夏季的降水比往年有所增加。春季病菌在苹果叶片上长出性孢子器，形成小黄点（彩图1-5），7—8月在叶片背面长出似羊胡子状的锈孢子器（彩图1-6），抖动叶片可以看到褐色粉末状的锈孢子。这种锈孢子并不会侵染苹果，而是在秋季侵染果园周边的桧柏，在桧柏上长出冬孢子越冬，翌春再侵染苹果，故该病的发生和柏有很大的关系。它的传播距离一般是2.5千米范围内，如果苹果园周边五里地之内没有柏，锈病往往不发生或发生较轻。

锈病和白粉病有所不同，白粉病一年可以在苹果树上循环侵染多次，而苹果锈病一年就侵染一次。但是锈孢子在苹果叶片上存活的时间很长，如果防治不力，7—8月叶片上就会布满病斑，无法给树体供应养分。

5. 黑星病 在欧美苹果产区，黑星病是苹果树第一大病害。过去，黑星病是一种检疫性病害。我国梨黑星病很重，但苹果黑星病相对较轻，原因就在于春季雨水较少，不利于黑星病的发展。但是，近两年我国东北黑龙江产区、西北的新疆产区、甘肃和陕西的一些地区，春季降水有增多的趋势，黑星病也逐渐成为一个问题。

该病发生在4—5月，落叶上越冬的病原菌在春季温度回升后长出分生孢子，这些分生孢子随着气流传播到叶片上进行侵染，所以，清扫落叶就显得尤为重要。国外在晚秋时会喷施尿素，在促进叶片脱落的同时也有助于调节碳氮比平衡，加速叶片的腐解。黑星病不止侵染叶片，更严重的是侵染果实，在果实上形成凹陷的黑色的病疤，影响果品的质量（彩图1-7）。

还有一些果实上的病害对苹果生产有重要影响，如霉心病、旱斑病。霉心病的病原是链格孢、粉红单端孢等弱寄生菌，在花期侵染，随着萼筒一开张，病菌就可以从外向里发展，后期果实膨大的时候形成霉心病。所以，落花后是该病重要的侵染阶段，也是我们防治的一个关键期。旱斑病近年也时有发生，该病和缺硼有关，也需引起注意。

二、虫害

1. 蚜虫 蚜虫也叫黄蚜或绣线菊蚜，主要以卵在鳞片、嫩枝或凹凸不平的地方越冬。4月初是防治蚜虫的关键时期，蚜虫首先侵染嫩梢，随着叶片的生长不断往上转移，若发展迅速且有蚜虫危害果实，就要对其进行防控（彩图1-8）。

2. 红蜘蛛 红蜘蛛分为山楂叶螨和苹果全爪螨两类。山楂叶螨是以雌成螨在树皮裂缝里越冬，冬季刮开树皮即可看到一片红色；苹果全爪螨是在地上部翘缝里、侧枝上和凹洼的地方进行越冬。4月初是它们孵化上树危害的关键期，也是防控的关键时期。

不管是蚜虫也好，叶螨也好，它们在一年当中可以繁殖数代，尤其是气候比较干旱的地区发展更快，因此对这两种害虫应格外重视，加强防控。

3. 黑绒鳃金龟 黑绒鳃金龟往往取食危害新建园，主要啃食幼树的新芽，对大树影响较小。新植园用膜袋把小树套起来，可以有效避免黑绒鳃金龟的危害。

4. 绿盲蝽 绿盲蝽也是一种危害比较大的害虫，该虫把卵产在木质部和韧皮部的缝隙里越冬，到春天孵化后刺吸幼叶和叮咬幼果危害。因该虫跳跃性很强，防控难度较大。

还有一些偶发的害虫。如棉铃虫，其幼虫在2～4龄蛀果危害（彩图1-9），疏果时应把虫果疏除干净，如果发生较严重也可以加强药剂防控。卷叶蛾也应在4月初进行防控，不然一旦虫子卷入嫩梢里，再进行防控，效果就会大打折扣（彩图1-10）。

三、防控方案

1. 2—3月休眠期清园

（1）清扫落叶。很多病害和害虫是在落叶上越冬的，如黑星病、早期落叶病等。所以应尽可能把果园清理干净，将落叶集中浅埋。

（2）果园修剪。剪除一些病枝和僵果，并在过程中注意修剪工具的消毒。修剪会给树体造成很多伤口，这些伤口是很多病害侵染的位点，所以在修剪当天就要用伤口愈合剂对剪锯口进行涂抹，在杀死表面病原物的同时对伤口进行封闭，减少水分的散失。

（3）药剂预防。要根据果园病虫害的发生史明确喷药种类及目的。石硫合剂对腐烂病和轮纹病基本上没有效果，但对白粉病、螨类和介壳虫的效果较好，若果园往年没有这类病虫害的发生，就可以不喷石硫合剂。矿物油和石硫合剂的效果相似，与其他杀虫杀菌剂混用时还有增效作用。杀菌剂可以考虑氟硅唑，该药对腐烂病、轮纹病、白粉和锈病等病菌都有一定的效果。还有一种预防性的生物制剂——轮纹终结者，主要是用于预防枝干轮纹病，春季对新栽植的幼树主干50厘米以下涂抹，结果期果树可涂抹至主干80厘米处。因为该药附着期长达一年，可以对病菌侵染起保护作用。也可以于冬前10月下旬至11月中旬涂抹，不但可以预防枝干轮纹病，同时还有防止冻害的作用。

2. 3—4月 此时是腐烂病显现症状比较快的时期，也是我们刮治病疤最好操作的一个阶段。刮病疤的时候一定要超出病健交界1～2厘米，刮完对创口涂药1～2次。涂药的目的是增加对创口的覆盖，防止水分大量散失。尤其是有纵裂以后，一旦散失水分，腐烂病就很容易复发。我们试验用木美土里菌肥与土壤按照1∶（3～4）的比例和成泥，把创口包起来，外边缠上布条，2～3年腐烂病未见复发。

4月上旬一般为花芽露红期，应根据果园的病虫害发生史，选择合适的药剂进行防治。如红蜘蛛比较厉害，就可以考虑使用乙螨唑；蚜虫、介壳虫、绿盲蝽这类刺吸式害虫，可以考虑使用啶虫脒；锈病、白粉病可以用氟硅唑或唑类的其他药剂。幼果期遇到旱斑病，可以喷施硼制剂，硼除了可以预防旱斑病，对开花坐果也有很好的帮助作用。

4月下旬一般是开花后7～10天，如果以前有霉心病发生，此时就要引起注意。在落花70%～80%时喷施异菌脲或多抗霉素，结合天气预报进行雨前喷药。如果降水较多可以在套袋之前喷2～3遍药，这样对霉心病会有很好的预防作用。另外通过试验发现腈菌唑对锈病和白粉病防效很好，对果实的影响也比较小，对黑星病也有一定的防效。蚜虫、绿盲蝽、介壳虫可以考虑氟啶虫胺腈，红蜘蛛可以考虑用四螨嗪，棉铃虫和金龟子可以考虑生物制剂苏云金杆菌。另外还要特别注意幼果期补钙，可以预防果实苦痘病，此时喷施效果较好。

花期将至时应提前准备好授粉蜂或花粉

河北农业大学植物保护学院　张　瑜　王树桐

大多数苹果品种为异花授粉，属于虫媒花植物，只有接受不同品种的花粉才能结实，来自同一品种同株或异株上的花粉不能使子房生长或受精，苹果只开花不结果，这就需要蜜蜂等昆虫进行传花授粉。随着我国苹果产业向集约化、规模化、产业化方向发展，生物多样性受到严重影响，野生授粉昆虫数量逐年减少，加之果树面积的迅速增加，造成一定区域内授粉昆虫数量相对不足，难以满足苹果授粉的需要，已成为制约苹果坐果的重要因素。

2020年受新型冠状病毒肺炎影响，绝大多数养蜂人的移动受到严重影响，无法及时转场，导致大量蜜蜂死亡。预计2020年苹果花期各产区蜜蜂数量将大大少于往年，授粉蜂和苹果花粉可能会在部分苹果产区出现供不应求现象，价格也会随花期临近上涨。因此提醒广大果农，提前准备好授粉蜂或花粉，通过以下几个案例进行介绍：

一、利用蜜蜂为苹果树授粉应注意的问题

1. 让蜂群适时进入果园　在苹果开花 20% 左右时蜂群可以进入，因为蜜蜂采集具有专一性，过早进入会被周围其他花吸引过去。在进入的前一天，将苹果花瓣泡入糖液中诱导饲喂蜜蜂，让蜜蜂对其味道适应。

2. 注意蜂群的摆放和密度　蜂箱要坐北朝南摆放，即蜂箱的出口朝南，这是由于巢门朝南有利于最大限度地在早春或是温度低时利用太阳光的温度，能在较短的时间内提高蜂箱内的温度，有利于蜜蜂出箱采集，提高蜜蜂出勤率。蜂群以 6～8 群为一组摆放，每组间隔距离 200 米，蜂箱放在果园的西面，巢门面向南面。

3. 注意不同树种放置蜂群的密度　红富士、红星、花牛等对蜜蜂授粉的依赖性强，必须进行人工授粉或蜜蜂授粉；而金冠，俗称的黄元帅，自然授粉与蜜蜂授粉的坐果率均在 88% 以上，不需要人工授粉或蜜蜂授粉。这与果树品种自花授粉能力的强弱有关。实验证明，理论上一棵树有 6 只蜜蜂授粉就能满足生产的需要，因此，一群中等群势（6 脾左右）的蜂群可承担 0.33～0.53 公顷红富士等果园的授粉任务。在授粉过程中，既要避免授粉不足，也要避免授粉过度。蜜蜂放置过多，造成授粉过度，给后期疏花和疏果带来过多的劳动量。

4. 加强蜂群管理　早晚要注意蜂箱的保温，在果树行间放置喂水器，同时采用蜂多于脾和诱导饲喂等管理措施来提高蜜蜂出勤率。

5. 花期不要施药　在花期蜜蜂授粉期间施用农药，除使花瓣脱落外，还会造成蜜蜂死亡。

6. 苹果在受冻严重时及时引蜂授粉　出现霜冻等恶劣天气，苹果花受冻严重时，要及时引进蜂群，由蜜蜂识别有效的存活花，能够准确而及时地完成授粉任务，避免损失。

二、利用壁蜂为苹果树授粉应注意的问题

（一）壁蜂的管理技术

1. 巢管的制作　巢管可用芦苇管或纸管制成，一般管长 15～17 厘米、内径 0.6～0.8 厘米。芦苇管要求一头带节，一头用砂纸磨平，不留毛刺，管口粗糙有毛刺的，壁蜂几乎不选择；纸管利用旧报纸或牛皮纸卷成，壁厚 1 毫米左右，两端切平，一端用纸涂乳胶封底作管底，另一端敞口。巢管口可用水粉颜料染成红、

绿、橙、白、蓝、黄等不同颜色，以便壁蜂识别颜色和位置归巢，然后按比例混合，每50支扎成一捆（图1-4）。

图1-4　放置于果园内的巢管

2. 巢箱制作　巢箱用瓦棱纸叠制而成，其长、宽、高分别为30厘米、20～25厘米、40厘米。巢箱除露出一面敞口外，其他五面用塑料薄膜包裹严实，以免雨水渗入（图1-5）。每个巢箱内装4～6捆巢管。也可用砖砌成固定蜂巢。

图1-5　用瓦棱纸叠制而成的巢箱

3. 巢箱安置　放蜂前将巢箱设置在果园背风向阳处，巢前开阔无遮蔽，巢后设挡风障。巢箱用木架支撑，巢箱口朝南或东南方向，箱底距地面30～50厘米为宜，箱顶再盖遮阳防雨板压紧。在巢箱右前方1米处，挖一个长100厘米、宽80厘米、深30厘米的土坑，顺坑用较黏的土壤回填，使坑中央形成三角形沟。放蜂期间，每天早、晚浇1次水，让土壤自然吸水润湿，保持适宜的湿度，并用直径为

0.7 厘米的树枝戳成若干个洞穴，以便招引壁蜂入穴取土。有灌溉条件的果园，可以经常在灌溉水沟内放水，给壁蜂取土提供方便。刚开始放蜂的果园，每隔 30～40 米设一蜂巢，待来年蜂量增多后，可 40～50 米设一蜂巢。放蜂期间，一般不要移动蜂箱及巢管，以免影响壁蜂授粉和繁殖。

4. 种植蜜源植物 秋季在放蜂园蜂巢周围种植越冬油菜等，也可在春季栽种抽薹打籽的白菜、萝卜等，4 月初开花，这样就能在苹果开花前为提前出巢的壁蜂提供充足的花粉和花蜜。

(二) 释放壁蜂

1. 放蜂时间 壁蜂的释放时间应根据树种和花期的不同而定，一般于苹果中心花开放前 4～5 天释放。蜂茧放在田间后，壁蜂即能陆续咬破茧壳出巢，7～10 天出齐。若壁蜂已经破茧，要在傍晚释放，以减少壁蜂的逸失。

2. 放蜂方法 壁蜂的释放方法有两种：一是单茧释放，即将越冬后的壁蜂茧装入巢管，每根巢管 1 个蜂茧；二是集体释放，将多个蜂茧平摊一层放在一个宽扁的小纸盒内，摆放在巢箱内的巢管上，盒四周戳有多个直径 0.7 厘米的孔洞供蜂爬出。后一种方法壁蜂归巢率较高。

3. 放蜂数量 初次放蜂果园每亩放蜂 400～500 头，连续多年放蜂果园每亩放 200～300 头即可。

(三) 预防天敌危害

蚂蚁、蜘蛛、蜥蜴和寄生蜂等是壁蜂的天敌，要防止其对壁蜂造成危害。蚂蚁可用毒饵诱杀，毒饵配方为花生饼或麦麸 250 克炒香、猪油渣 100 克、糖 100 克、敌百虫 25 克，加水少许均匀混合。每一蜂巢旁施毒饵约 20 克，上盖碎瓦块防止雨水淋湿或壁蜂接触，而蚂蚁可通过缝隙搬运毒饵中毒死亡。对木棍支架的蜂巢，可在支架上涂废机油，防止蚂蚁爬到蜂巢内食害花粉团或幼蜂。蜘蛛、蜥蜴和寄生性天敌如尖腹蜂等，应注意人工捕拿清除。对鸟类危害较重的地区，在蜂巢前可设防鸟网。

(四) 回收和保存

果树花谢 5～7 天后，将巢管收回，把封口的巢管按每 50～100 支一捆，装入网袋，挂在通风、干燥、干净卫生的房屋中储藏，注意防鼠，以便幼蜂在茧内形成并安全休眠，来年再用。这样周而复始地形成一定规模，除自用外还可将剩余的蜂销售，增加收入。翌年 1 月中下旬气温回升前，将巢管剖开，取出蜂茧，剔除寄生蜂茧和病残茧后，装入干净的罐头瓶中，每瓶放 500～1 000 头，用纱布罩口，在 0～5℃下冷藏备用（图 1-6）。

图 1-6　将巢管中的蜂茧取出

（五）注意事项

放蜂前 10 天至回收巢管之间，停止在授粉果园及紧邻地块使用杀虫农药，避免污染水源，尤其是上风口地块，防止杀伤壁蜂。

三、人工授粉应注意的问题

（一）花粉准备

1. 采集品种　采集亲和力强的品种，如富士、秦冠、红星、嘎拉等品种互相授粉，采用混合花粉效果更好。

2. 采集时间　在授粉前 2～3 天，采花瓣松散而尚未开放的蕾状花，花多的树多采，花少的树少采或不采，外围多采，内膛少采，以边花为主，一个花序采 1～2 朵。据试验，常温保存的苹果混合花粉，授粉有效期为 10～12 天，最佳授粉期为 5～7 天。

3. 采集数量　一般每 10 千克鲜花出 1 千克鲜花药，1 千克鲜花药阴干后能出 0.2 千克花粉，可授 8～10 亩果园。

4. 制取花粉　采下的花朵带回室内，两花相对揉搓将花药取下，去除花丝，放在干燥光滑的白纸上，置于通风、温度 20～25℃、空气相对湿度 60%～80% 的室内使花药阴干，每天翻动 2～3 次，经 24～48 小时花药开裂，散出黄色的花粉，温度低时可适当加温。

（二）授粉时间

初花期到盛花期进行授粉，以花瓣开放当天和第二天为最佳，一天中以晴天上午 9 时至下午 4 时为宜。苹果花分批开，特别是在花期气温较低时，花期延长，因此要分期授粉，一般连续授粉 2～3 次。

（三）授粉方法

1. 点授　在花粉中掺入 2～3 倍的滑石粉或淀粉稀释，装在干燥的瓶中，用铅笔的橡皮头或毛笔蘸取花粉，在雌蕊柱头上轻轻一点即可，每个花序点授中心花和 1～2 朵边花。

2. 花粉袋撒落授粉　在花粉中掺入 50～100 倍的滑石粉或淀粉，装入纱布袋中或者丝袜中，挑在竹竿上，在树冠上敲击震动花粉袋，使花粉撒落在花朵上。

3. 喷雾　按 1 千克水＋2 克花粉＋100 克白糖混合，对花朵进行喷雾。

谨 防 倒 春 寒

河北农业大学植物保护学院　王树桐

2020 年春季各地升温明显快于常年，物候期普遍提前。因此很多果区已经进入萌芽期，部分果区已经开始进入花芽露红期。但是春季温度变化大，气温不太稳定，容易发生倒春寒。基于往年的经验，提出以下建议：

1. 增强树势　这一阶段在追肥、喷施药剂的同时加入 0.3% 的尿素增强树势，提高树体营养储备。

2. 浇水推迟花期　连续浇水 2 次，通过降低地温，适当推迟花期，降低遭遇倒春寒的风险。

3. 提高树体抗性　花芽露红期结合果园喷药，全园喷施海藻素、赤霉素、芸薹素内酯等植物生长调节剂类物质。

4. 预防冻害　从花芽露红期到幼果期，密切关注当地天气预报。如遇到夜间最低温低于 −2℃，应在夜间开展果园熏烟等措施，有条件的果园也可以在此时进行树上喷水（当遇到低于 −5℃ 以下的低温时不建议再采取喷水的措施）。

5. 冻害发生后的挽救措施　冻害发生后翌日马上喷施海藻素＋氨基酸＋芸薹素内酯，有助于提高果树抗逆性，减轻冻害的危害，能够挽回部分损失。

苹果疫腐病的发生及防控

河北农业大学植物保护学院　曹克强

苹果疫腐病又称颈腐病、实腐病，在各果区均有发生，属于偶发性病害，在多雨年份常造成大量烂果及果树根颈部腐烂，导致幼树和大树死亡。该病除危害苹果外，还危害梨、桃等。

一、症状

疫腐病主要危害果实、根颈及叶片（彩图1-11、彩图1-12）。

果实受害后果面产生不规则形、深浅不匀的暗红色病斑，边缘不清晰，似水渍状，表面呈白蜡状。果肉变褐腐烂后，果形不变，呈皮球状，有弹性。病果极易脱落，腐烂组织有酒糟味，最后失水干缩成僵果。在病果皮孔、开裂或伤口处，可见白色绵毛状菌丝体（彩图1-13~彩图1-17）。

主干基部受害，病部皮层呈褐色腐烂状，后随病斑扩展，整个根颈部被环割、腐烂。后期病部失水，干缩凹陷，环状缢缩，病健交界处龟裂。

叶片被病菌侵染后产生不规则形褐色坏死斑点，斑点进一步发生会融合在一起，造成叶片枯死和早期脱落。

二、病原

病原菌为恶疫霉［*Phytophthora cactorum* （Lebert et Cohn） Schröt.］，属于卵菌。

三、侵染循环

疫腐病是由卵菌引起的病害，病菌以卵孢子随病组织在土壤中越冬。病菌在12~18℃最为活跃，地面病菌的游动孢子借雨水飞溅到果实和叶片上，从皮孔或气孔侵入引起发病，以距地面60厘米以内的果实发病较多。病菌在潮湿的天气可以长出霉层，形成孢子囊，进行再侵染。如果病害发生较早，在采收之前，病果容易脱落；如果果实被侵染得较晚，则果实在贮存期还会发生二次腐烂，因为病菌在3~4℃低温冷藏条件下也能生长。

四、流行规律

卵菌的发生和流行对水分有较高的需求，所以病害流行的条件是多频次的降水、大水漫灌或喷灌等，雨后积水、山坡地雨水由高处至低处的流动都会造成病害的传播。病菌还可以通过孢子囊随风雨进行气传，造成果腐和叶片发病，流水传播造成树体根颈部发病，严重时会导致整株树死亡。

有的果园利用自然降水形成的水库作为灌溉水的来源，如果水体被病菌污染，则存在随灌溉水传病的风险，而井水或经过漂白粉消毒的水比较安全。

树冠下垂枝多，四周杂草丛生，果园或局部小气候湿度大，则发病重。疫腐病的发生与温、湿度关系密切，每次降水后，都出现发病高峰。高温、多雨天气会引起病害流行。在土壤积水的情况下，果树根颈部如有伤口，病菌则会侵入皮层，造成根颈部腐烂。品种间抗病性有差异，红星、金冠、印度、祝光、红玉、倭锦等易染病，国光、富士、乔纳金等品种发病较轻。

五、防治技术

1. 加强栽培管理　去除离地面较近的结果枝，使结果部位离地面至少80厘米以上。及时疏果，摘除病果及病叶，集中深埋或烧毁。疏除过密枝及下垂枝，改善通风透光条件。在灌溉中要注意水体的安全，对于山坡地要做好排水，做到起垄栽培，不让地面流水直接接触树体根颈部。

2. 药剂防治　发病重的果园，可于落花后喷64％杀毒矾可湿性粉剂500倍液或58％甲霜灵·锰锌可湿性粉剂1 000倍液、90％三乙膦酸铝可湿性粉剂600倍液、1∶2∶200波尔多液，可保护树冠下部的叶和果实。必要时还可用40％三乙膦酸铝可湿性粉剂200倍液或25％甲霜灵可湿性粉剂800倍液灌根。

苹果斑点落叶病的发生与防治

河北农业大学植物保护学院　曹克强

斑点落叶病是富士、红元帅、新红星、印度、藤牧1号、青香蕉等品种上的重要病害，常造成早期大量落叶。斑点落叶病最早于1956年在日本首先被报道，我国于20世纪70年代开始发现，80年代危害较重。目前，斑点落叶病仍是感病品种上的重要病害，在我国苹果产区均有分布。

一、症状

苹果斑点落叶病菌主要侵染叶片、果实和枝条。

叶片受侵染后，首先产生极小的褐色坏死斑，后逐渐扩大为直径3～6毫米的褐色病斑，病健交界明显，有时病斑边缘紫红色，病斑上有深浅相间的同心轮纹，部分病斑中央有黑色霉状物。发病严重时，多个病斑连在一起，形成不规则的大斑，有时病斑破裂穿孔，叶片枯焦脱落。天气潮湿时病斑反面长出黑色或墨绿色的霉层，即病菌的分生孢子梗和分生孢子。在高温、多雨季节病斑扩展迅速，常使叶片焦枯脱落。秋梢嫩叶染病后，一个叶片上常形成几十个甚至上百个大小不等的病斑，许多病斑连在一起，形成云朵状花纹，叶尖干枯，叶片扭曲畸形（彩图1-18）。

果实受侵染后，常以皮孔为中心形成圆形褐斑病斑，直径2～5毫米，周围有红色晕圈，病斑下果肉细胞变褐，呈干腐状。果实生长后期如果出现皴裂等伤口，则被病菌感染的机会更多，先形成小的褐色坏死斑，病健交界处常有红色晕圈，以后病斑逐渐扩大，造成果实腐烂（彩图 1-19）。

内膛一年生的弱小枝条和徒长枝条容易感病，感病的枝条皮孔突起，以皮孔为中心产生褐色至灰褐色凹陷病斑，多为椭圆形，边缘常开裂。

二、病原

苹果斑点落叶病病原为链格孢苹果专化型（*Alternaria alternata* f. sp. *mali*），属半知菌亚门链格孢属，异名有 *A. mali* Roberts、*A. tenuis* f. sp. *mali* 等，病菌表现很强的致病能力。

病菌的菌丝、分生孢子梗和分生孢子多从叶片背面长出，后期叶片正面病斑上也出现黑色霉层（彩图 1-20、彩图 1-21）。分生孢子梗束状，弯曲多胞，淡褐色，具分隔，大小为（16.85～65.00）微米×（4.8～5.2）微米。分生孢子自分生孢子梗顶端单生或 5～13 个串生，倒棍棒状、纺锤形或椭圆形，暗褐色，先端有喙或无，表面光滑或有小突起，具 1～7 个横隔，0～5 个纵隔，大小为（12.5～52.5）微米×（6.3～15.0）微米（图 1-7、彩图 1-22）。

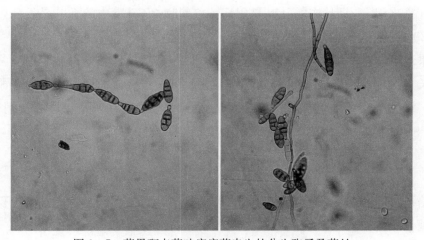

图 1-7　苹果斑点落叶病病菌串生的分生孢子及菌丝

三、侵染循环

病菌主要以菌丝在落叶、叶芽、花芽和枝条病斑处越冬，翌年产生的分生孢子随风雨和气流传播，侵染苹果叶片和果实。病菌侵染时，孢子萌发时在寄主表面形成芽管（图 1-8），并产生毒素杀死寄主细胞，然后再侵入寄主组织。苹果斑点落叶病病菌接种后最快 24 小时后出现坏死症状，一般情况下病害的潜育期为 3～5

天。苹果斑点落叶病一年有多次再侵染。

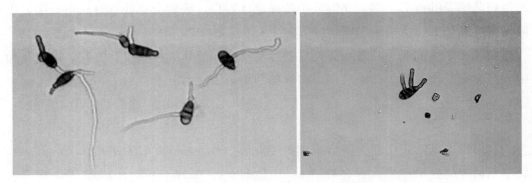

图 1-8　苹果斑点落叶病病菌分生孢子萌发长出芽管

四、流行规律

苹果不同品种间对斑点落叶病的抗性存在明显的差异。红星、印度、青香蕉、藤牧 1 号、元帅系品种高度感病，国光、金冠、富士、嘎拉感病次之，鸡冠、祝光、乔纳金等品种发病较轻。苹果斑点落叶病病菌主要侵染角质层薄、未发育成熟的幼嫩叶片和生长发育不良的枝条和叶片。徒长枝、细弱枝、内膛枝上的叶片发病较重。红富士以 30 日龄内的新叶易感病，红星以 25 日龄内的新叶易发病，秦冠则以 15～20 日龄内的新叶易发病。

苹果斑点落叶病一年有两个发病高峰。第一高峰出现在 5 月中旬至 6 月中旬的春梢生长期。在春梢旺长期，若遇阴雨天气，可导致病原菌大量侵染，阴雨持续时间越长，病原菌侵染量越大，发病越重。第二高峰出现在 8—9 月的秋梢旺长期，由于 8—9 月雨水多，秋梢发病比春梢严重。

五、防治技术

栽培抗病品种是控制斑点落叶病的根本措施，对于感病品种，以喷药保护叶片防止病菌侵染为主，辅以清洁田园卫生和农业防治等。

1. 种植抗病品种　不同的苹果品种对斑点落叶病的抗性有显著差异，在发病重的地区，尽可能种植抗病品种，减少易感品种的种植面积，控制病害大发生。

2. 化学防治　春梢和秋梢旺长期是化学防治斑点落叶病的两个关键时期。对于斑点落叶病发病较重的果园或感病品种，于 5 月中下旬，根据气象预报，在阴雨来临前喷施 1～2 次保护性药剂；8 月秋梢生长期，喷施 1～2 次保护性杀菌剂。防治斑点落叶病常使用的杀菌剂有多抗霉素、异菌脲、代森锰锌、代森锌、波尔多液等。由于 8 月雨水多，建议喷施耐雨水冲刷、持效期较长的波尔多液。

3. 农业管理措施　春季注意清洁果园，将落叶集中深埋。合理施肥，增施磷肥和钾肥，增强树势，提高抗病力。合理修剪，特别是于 7 月及时剪除徒长枝和病梢，改善通风透光条件。合理灌溉，低洼地、水位高的果园要注意排水，降低果园湿度。

秋季苹果园的病虫害管理

病虫害防控研究室　曹克强　王勤英　王晓燕

8 月正值雨季，对于各种病害尤其是叶部病害的传播非常有利，因此，对于病害的防控不能放松。

近期，笔者先后赴内蒙古、陕西和河北的一些果园进行观摩和技术培训（图 1-9～图 1-11），发现一些老果园已经放弃管理，主要由于 2018 年的冻害，人们放松了管理，树势衰弱，导致 2019 年苹果树腐烂病发生较重，2020 年又赶上

图 1-9　曹克强教授、邵建柱教授、文宏达教授在唐山滦县对果农进行技术培训

图 1-10　邵建柱教授在田间进行果园管理指导

图 1-11　与马宝焜教授交流果园管理技术

疫情，经济活动受到影响，人们对后期的果品价格拿不准，所以前期不敢投入，使得叶部病害，尤其是褐斑病、斑点落叶病、炭疽叶枯病和锈病发生比较严重，虫害当中则以金龟子和卷叶蛾为主（彩图1-23～彩图1-29）。

雨季对叶部病害的防控可以选用波尔多液、氢氧化铜等铜制剂以及吡唑醚菌酯等，这些药剂持效期较长，相对耐雨水冲刷。对于虫害可以喷施甲维灭幼脲或菊酯类药剂，对于铜绿金龟子可以通过悬挂杀虫灯进行防控。8月，苹果锈菌开始在苹果叶片背面形成"羊胡子"状锈孢子器，孢子器中的锈孢子将借助风雨传播给附近的桧柏，因此，对于锈病要加强防控，可以选用腈菌唑、苯醚甲环唑等药剂。一些早熟苹果出现了由单端孢引起的黑点病，由于马上进入采摘期，目前已经无法防控。在果园中发现由于人们没有注意对剪锯口进行药剂保护，而导致枝条上发生了腐烂病，建议尽快剪除此类枝条，以免病斑蔓延到主干。剪除病枝后，对剪锯口一定要涂抹甲硫·萘乙酸、腐殖酸铜等药剂，然后再用木美土里菌肥与土按1∶3比例和成泥，涂抹伤口后用布条包扎，这样可以长时间防止腐烂病复发。对于主干基部有轮纹病的果园，建议秋季采果后用轮纹终结者1号涂刷树干，一年涂抹一次可以有效预防枝干轮纹病的发生。2019年，一些果园在苹果采摘时造成大量烂果，主要原因是果实皴裂被病菌侵染。虽然目前正处于雨季，但也要防止雨量不足而导致树体干旱。水分管理的波动是导致苹果皴裂的重要原因，因此，雨季也不能忽视果园的水分管理。

橘小实蝇的防控

病虫害防控研究室　刘霈霈
饶阳县农业农村局　苑峰会

橘小实蝇是危害多种水果的重要害虫，该虫以幼虫在果肉取食危害，如不加以防控会对水果造成严重损失（彩图1-30）。

一、危害特征

橘小实蝇的雌性成虫尾部会有一个尖锐的产卵器，它们会把产卵器刺入水果内产卵，卵孵化后就会变成幼虫（蛆），在果实内蛀食果肉并形成虫道，受害果实果肉腐烂，与各类食心虫造成的危害状有明显差异。果实生长中后期，果面局部未熟先黄，带一至多个虫孔，这是幼虫老熟后脱果留下的孔道；后期，果实表面开始腐烂，会造成大量落果（彩图1-31）。被橘小实蝇危害过的果实会失去食用价值，无法销售。因为橘小实蝇的繁殖能力很强，一只雌虫的一次产卵能同时危害几十到上百个果实，造成大量损失。

橘小实蝇飞翔能力很强，很多水果都是它的寄主，除了南方的柑橘、芒果、荔枝、枇杷等外，北方水果如苹果、梨、桃、葡萄、枣、石榴等也易遭受其危害。因该虫的成虫具有一定飞翔能力，且在白天活泼好动，就算短暂用药杀死了园内的成虫，很快又会有很多其他地方的橘小实蝇飞过来继续危害，所以普通的施药方法并不能杜绝害虫。

二、防治方法

想要防治橘小实蝇，最好的方法是不让成虫产卵，这样的话就能在很大程度上减轻其危害。

1. 套袋　果农们可以用果袋套住苹果，防止苹果被果实蝇产卵，但果袋的选择是有讲究的。有研究证明，套袋在一定程度上能降低苹果受害程度，不过套膜袋的果实仍会受到侵害，套纸袋的果实很少受橘小实蝇危害，但也有例外。如果果袋封闭不严或后期果实过大将果袋撑裂时，仍会造成危害。有条件的果农最好选择双层纸袋来套袋。

2. 加强果园管理　及时清理果园内落果，摘除病果、虫果、未熟先黄果，把果实集中在一起深埋，深度必须达到 50 厘米以上，并用土覆盖严实，这样可以杀死果实里面的幼虫，减少越冬虫源。

3. 诱杀成虫　如果果园内橘小实蝇数量较多的话，可以用黄板（彩图 1-32）或诱蝇球＋诱虫剂（彩图 1-33）诱杀成虫，通过减少其产卵的机会来控制它们的数量。

4. 化学防治　如果橘小实蝇数量特别多时，还可以在果实进入转色期后，于采收期 15 天前喷施高效氯氰菊酯来防治，配合诱虫剂等诱杀橘小实蝇效果更佳。

橘小实蝇的发生特点和防治措施

河北农业大学植物保护学院　宋　萍　王勤英　曹克强

橘小实蝇（*Bactrocera dorsalis* Hendel），又名东方果实蝇，常被人们称为"黄苍蝇""果蛆"等。橘小实蝇具有寄主范围广、危害隐蔽、繁殖量大等特点，被许多国家和地区都列为检疫性害虫，当传入非疫区后，遇到适宜生长环境条件即可迅速蔓延危害，对当地果蔬产业发展构成严重威胁。橘小实蝇可危害 45 个科的 250 多种蔬菜、水果及花卉，在南方主要危害芒果、木瓜、柑橘、香蕉、枇杷、番石榴等，在北方可危害苹果、梨、桃、枣、石榴等，特别是靠近市区和村庄的果园易遭受橘小实蝇的危害。橘小实蝇雌成虫产卵于寄主果实内部，每头雌虫产卵量 400～1 000 粒，孵化的幼虫在果实中取食果肉，由于初期危害状不明显，为早期调查被害果和防治增加了难度。被害果常变黄早落，即使被害果不落地，其果肉也由内向外腐烂而失去食用价值，该虫的危害常造成作物 80% 以上经济损失，严重时会造成绝收。不套袋苹果园果实膨大成熟期和套袋果园脱袋后果实着色期均可能遭受该虫的危害，危害高峰期在 9—10 月（彩图 1 - 34、彩图 1 - 35）。

橘小实蝇的监测和防控措施主要有：

1. 利用橘小实蝇引诱剂监测和诱杀橘小实蝇雄蝇　在田间使用橘小实蝇引诱剂甲基丁香酚来监测和诱杀橘小实蝇雄虫，引诱剂是一种液体状物质，将其滴到缓释片或棉花团上，结合配套的橘小实蝇诱捕器或粘虫板捕获雄成虫。诱捕器悬挂在果树的枝条上，离地面的高度一般在 1.5 米左右，每个果园悬挂 3 套诱捕器来监测该虫发生动态，每亩地使用 3～5 套诱捕器可起到较好的诱杀作用（彩图 1 - 36～彩图 1 - 39）。

2. 利用食诱剂诱杀橘小实蝇成虫　雌成虫在产卵前需要补充大量的营养以供应卵的发育，对食物的需求更为迫切，因而含蛋白质和糖的食物对实蝇具有较强的吸引力。但在对实蝇防治的实际操作中，应用食物诱饵捕杀成虫的措施一般较难推广，究其原因主要是饵料成本高、在自然环境下保质期短，可将果园内的烂果子放入桶内发酵后作为实蝇食诱剂。

3. 喷涂杀虫剂或毒饵防治成虫　当果园内虫量较大时，在果实膨大转色期或套袋果脱袋着色期，树冠上喷施 50% 灭蝇胺可湿性粉剂 1 500 倍液、2.5% 溴氰菊酯或 4.5% 高效氯氰菊酯乳油 2 000 倍液，发生严重的果园 7 天左右喷施 1 次，直至摘果。因为正值果实成熟着色期，为了保证果品安全，可在 60 克/升乙基多杀菌素、90% 晶体敌百虫、45% 马拉硫磷乳油等 1 000 倍药液加 30% 红糖或 0.6% 水解蛋白配成毒饵，点涂在枝杈处，每亩点涂 40 处，或用手持式压力喷雾器粗雾滴隔株点喷，每点喷中下部树冠叶背，约碗口大小（50 厘米^2），每隔 5～7 天点喷或点涂 1 次，从果实转色期开始，直到成熟采收为止，可诱杀大量未产卵的成虫，减少农药对果实的污染。

4. 土壤施药防治脱果入土的老熟幼虫和蛹　在老熟幼虫脱果入土阶段，采用 48% 毒死蜱乳油或 50% 辛硫磷乳油 800～1 000 倍液喷施果园地面，防治脱果入土的幼虫。

5. 定期摘除虫果并捡拾地面落果　橘小实蝇幼虫成熟后从被害果中爬出，弹跳到土壤中化蛹，因此，要及时摘除被害果和捡拾落果，挖坑深埋或投入粪池沤浸来杀死幼虫，或者放到一个密封的塑料袋内，使羽化出的成虫不能飞出密封袋等，这些措施都能有效地降低虫口数量。

6. 果实套袋　果实套袋能有效阻隔实蝇产卵，但是橘小实蝇雌虫可以刺破10微米厚度的塑料薄膜成功产卵到果实内，应用15微米厚度的塑料薄膜作套袋材料，不仅可以成功防虫，而且对果实品质也不造成影响。

7. 果园养鸡除虫　1亩果园放养当地土鸡不超过20只，鸡可啄食落地或虫果内的幼虫，亦可用爪扒开表土层觅食幼虫和蛹。鸡还能啄食杂草，是果园除草高手。

初冬苹果园的病虫害管理

病虫害防控研究室　曹克强　王勤英

11月已进入冬季，但是多数果区的苹果还有很多叶片挂在树上，此时的叶片多已开始发黄，光合作用制造养分的能力已经降低，如果叶片冬季迟迟不脱落，对果树来说还是一种营养消耗。

近期我们看到保定周边的一些果园2/3的叶片还挂在树上，仔细观察，这些叶片带有多种病害，最主要的是褐斑病，其次还有斑点落叶病，枝干上主要是轮纹病和腐烂病。一些叶片还带有金纹细蛾的虫斑，绣线菊蚜此时以有翅蚜为主，这些蚜虫开始进入交尾和冬前产卵状态（彩图1-40～彩图1-47）。

此时是否需要喷药清园？喷药肯定能杀死一部分病原菌和蚜虫，在一定程度上减少越冬病原菌和害虫的数量，但是综合考虑，还是不喷药更好。原因是叶片上存在的这些病虫害对树已不造成影响，相反，病害的存在加速了叶片的腐烂过程，叶片一旦腐烂，叶上面的病原菌也就难以存活，防控枝干上的腐烂病、轮纹病靠此时喷药也不能解决问题。

我们认为促使叶片如期脱落，使养分回流树体是更重要的管理措施。根据山东农业大学姜远茂教授的建议，从11月上旬开始每周喷1次高浓度尿素液，浓度从0.5%～1.0%逐渐增加到5%～6%，喷2～3次，每次加0.3%～0.5%的硫酸锌和0.5%～2.0%的硼砂，对于促进脱叶和养分回流很有帮助。国外资料也显示，对叶片喷施尿素，能够调节叶片的碳氮比，使得落叶在土壤中更容易腐烂分解。对于腐烂病和轮纹病我们建议要加强管理，尤其是腐烂病，因其喜欢低温，进入冬季病斑会加速增长，以往我们看到春季腐烂病的暴发实际上是源于冬季病斑的内部扩展和小病斑融合。对于病枝要及时剪掉并涂药保护剪锯口，对于树体上的病斑要进行刮治，刮完后马上涂药，可用甲硫·萘乙酸、腐殖酸铜等，或用木美土里菌肥与土按照 1∶3 比例混合和成菌泥，涂抹刮净的创口并用布条包扎。对健康树的修剪，建议推迟到翌春进行。

冬前对树体涂白非常重要，如对幼树主干涂轮纹终结者（涂白剂）可以起到减轻冻害、日灼，并起到预防枝干轮纹病的作用。

山东无袋栽培苹果基于生态管理的"依历按需用药"病虫害综合防控方案

青岛农业大学植物医学学院　王彩霞　张振芳　练　森　任维超　李保华

无袋或免套袋栽培是苹果提质增效的重要技术措施，病虫害防控是苹果无袋栽培首先要解决的问题。山东产区雨水多，病虫害种类多，发生规律复杂，无袋栽培苹果病虫防控难度大。在实施苹果无袋栽培前，首先要对果园病虫危害风险进行评估，并在病虫危害风险较低的果园实施无袋栽培。对病虫危害风险较高的果园，应先采取各种措施，压低病虫危害的风险后，再实施无袋栽培。根据多年试验示范，现总结提出了山东产区苹果基于生态管理的"依历按需用药"病虫害综合防控方案，以抛砖引玉，促进无袋栽培苹果病虫防控技术的发展。

一、无袋栽培苹果园对生态环境基本要求

果园生态环境对无袋栽培苹果病虫害防控有较大影响，良好的果园环境不仅能有效降低病虫危害，而且能减少化学农药的使用量，降低果实内农药残留。在实施无袋栽培前，首先要压低果园内及周边环境中桃小食心虫、梨小食心虫、轮纹病、炭疽病等果实病虫害的基数。其次对果园及周边环境改造或调整，创造不利病虫繁衍而有利于果树生长的环境条件。

实施无袋化栽培的果园，不宜采用海棠作为授粉树和绿化树种，已采用海棠作授粉树的果园，授粉后可用疏果剂将果实疏除，以防止桃小食心虫等蛀果类害虫大量繁殖。不宜在桃园、梨园或枣园附近，以避免蛀果类害虫交互危害。周边地区不宜栽植柏科植物，以避免锈病菌的交叉感染。修剪方式应与机械用药协调一致，枝量不宜过密，否则药剂喷不透，部分果叶因长期不能着药而受病虫危害，导致病虫扩散蔓延。果园内和周边环境保持清洁、干净，不宜堆放修剪下来的枝条及各种杂

物，以减少危害果实的病原和虫源。

采用传统栽培模式的老果园、小果园或邻近林地的山地果园，生态环境复杂，病虫基数高，且来源范围广，控制难度大，实施无袋栽培后，病虫防控投入农药数量大，且效果不佳。采用矮砧集约栽培的新建果园，病虫基数低，果园生态环境容易调控，且便于机械化用药，是目前推广无袋栽培的首选果园。

二、山东产区无袋栽培苹果病虫防控方案

（一）防控策略与原则

无袋栽培苹果的病虫害防控方案，既要有效控制果园内各种病虫的危害，将病虫控制在较低的范围内，又要最大限度地压低化学农药的投入量，防止果实内农药残留超标，而且要保持良好的果园生态环境，实现病虫害的可持续控制。为此，作者在果园生态调控基础上提出了"依历按需用药"的病虫害防控策略。

"依历按需用药"的病虫害综合防控策略是依据无袋栽培苹果园中主要病虫害的关键防治期制订全年监测、预测和防控预案，按时间的先后顺序列出，形成"防治历"；在预案实施的过程中，依据防治历中设定的监测与防治时期，有针对性监测病虫、气象等信息，预测病虫发生发展趋势，并基于监测和预测信息动态决策，按病虫防控的实际需求，决定是否用药、用什么药和用药确切时间；各个时期的病虫防控措施，既要有效控制各种主要病虫的危害，又要能兼治果园内的其他病虫害，同时还要实现病虫害的可持续控制。

在防治方案的制订过程，首先是根据近年来本地果园内病虫的危害情况，确定主要的防治对象。主要防治对象是指危害严重，每年都发生或发生频率较高，且需要防治的病虫害，如轮纹病、炭疽病、褐斑病、梨小食心虫、桃小食心虫、蚜虫、红蜘蛛等。其次是根据主要病虫害的发生消长规律和本地气候，确定病虫害防治的关键时期。某种病虫害的防治关键期为该种病虫害的初始发生期、病虫害种群数量快速增长始期、病菌侵染之前、害虫卵的孵化盛期等，关键期防治的目标就是在病虫发生危害之前，有效控制其发生或发展，病虫害的防治关键时期也是该种病虫的关键的监测期。最后，除主要病虫害，防治预案中还应包括次要病虫害和偶发性病虫害，明确每种病虫害的监测时期、监测方法和防治指标，当病虫达到防治指标时，随主要病虫害的防治一起用药防治，当次要病虫害的种群数量特别大、有严重危害趋势时，再考虑单独用药防治。次要病虫害是指危害稍轻，发生频率较低，且可以随主要病虫害一起防治的病虫害。次要病虫害和偶发性病虫害的监测和防治应与主要病虫害的监测与防治协调一致，以便统一实施。

（二）防控方案

在无袋栽培苹果病虫害的总体防控方案中，将病虫害的防控划分为 4 个时期，每个时期的主要防控对象、防控目标和防控措施各不相同。无袋栽培苹果的用药应采用"少量多次"的原则，山东产区全年用药可控制在 10～15 次，中熟品种可控制在 10 次以下，晚熟品种可控制在 15 次左右。在实施无袋栽培的前几年，应保证必要的用药次数，当果园内的病虫基数压低后，再考虑减少用药次数。病虫基数高的果园或病虫害的高发期宜每 10 天左右用药 1 次，病虫基数低或非关键防治期宜每 15 天用药 1 次，每次 2～3 种药剂。选择的防治药剂应以单剂为主，提倡不同种类的药剂交替使用，同种药剂用药次数不能超过 3 次。8 月中旬前宜使用持效长的药剂，8 月中旬后需使用持效期适中、剂量低的药剂，以减少药剂在果实内的残留。

1. 树体休眠期至开花前　树体休眠期至开花前的病虫害防控从 2 月修剪开始到 4 月底苹果开花为止。病虫害的防控目标是压低果园内及周边环境中各种越冬病虫的基数，减轻生长季节病虫害防控的压力。休眠期至开花前重点防控枝干轮纹病、腐烂病，新梢上的白粉病、锈病，在枝干上越冬的蚧类、蚜虫、螨类、绿盲蝽、卷叶蛾、潜叶蛾等。苹果萌芽后至开花前，重点监测危害幼芽的金龟子和绿盲蝽的种群数量。当幼芽上的金龟子种群数量达到每 100 芽 1 头时，需单独或结合花前用药进行防治。花芽露红期，当绿盲蝽的有虫梢超过 0.5% 时，需在花前喷施的药剂中混加对绿盲蝽高效的内吸性杀虫剂，如氟啶虫胺腈。

主要防控措施包括清园、涂布剪锯口、处理枝干病虫害和喷药防治等。

（1）结合修剪，清除病枝。刨除死树和病树，锯除或剪除死枝、有腐烂病斑、干腐病斑、形成粗皮、苹果绵蚜危害和天牛危害的枝干，修剪当天用伤口愈合剂涂布剪锯口。

（2）处理枝干病虫害。刮治主枝主干上的腐烂病斑，刮除轮纹病瘤、苹果绵蚜虫斑，并用枝干保护剂涂布病患处。枝干保护剂可用建筑用内墙乳胶漆混加杀菌剂和杀虫剂配制。

（3）清洁果园。树体萌芽前，清除果园内及周边的落叶、杂草、杂物、修剪下来的枝条等，并集中销毁。

（4）喷药防治。萌芽初期喷施铲除剂，无袋栽培果园在花芽膨大初期全园喷施一遍铲除剂，药剂可选用 3～5 波美度石硫合剂，或其他对病虫具有铲除作用的有机杀菌剂和杀虫剂。当上一年度雨水多或枝干病害严重时，可考虑高浓度的波尔多液［硫酸铜：生石灰：水＝1：（0.5～1）：100］；雨水特别多的年份，冬前可喷施高浓度的波尔多液，花芽膨大初期再喷石硫合剂。

花露红至花序分离期全园喷布一遍药剂，杀菌剂主要针对白粉病和锈病选择具有内吸治疗效果的杀菌剂，如苯醚甲环唑、腈菌唑等三唑类药剂。为了保护授粉蜂，花前用药可不喷施杀虫剂。如若喷药，选择对卷叶蛾、潜叶的越冬幼虫高效广谱且对蜂类低毒或持效期较短的杀虫剂，如甲维盐、氯虫苯甲酰胺等，兼治蚜虫、绿盲蝽、金龟子等害虫；若喷施对授粉蜂毒性较高的药剂，如菊酯或有机磷类药剂，需单独将喷施杀虫剂的时间提前到苹果芽露绿期，确保从喷药到开花中间有15天的间隔期。

（5）其他措施。苹果萌芽后，打开杀虫灯，诱杀金龟子等害虫。缺锌或缺硼严重的果园，随花前用药补施锌肥或硼肥。花前用药适当混加增强树体抗性类的药物，增强树体的抗逆性。

2. 幼果期　幼果期的病虫防控是指从5月初苹果谢花开始直到5月底，以10天作为一个周期监测与防控各种病虫害。幼果期重点防控锈病、白粉病、霉心病、山楂红蜘蛛、榆全爪螨（苹果红蜘蛛）、绿盲蝽、绣线菊蚜（苹果黄蚜）、苹果绵蚜、桃小食心虫和各种卷叶蛾，兼治轮纹病、褐斑病、腐烂病、棉铃虫、介壳虫等。防控目标一方面是保护幼嫩的新梢、叶片和果实，防止病虫的危害，另一方面是进一步铲除越冬出蛰害虫。

气象条件重点监测降水时间、降水次数、每次降水持续时间和降水量。自苹果初花期，当遇第1次和第2次雨量超过10毫米，且使叶面持续结露超过12小时的降水，雨前7天若没有喷施杀菌剂，往年锈病严重的果园，应及时调整第1次和第2次用药时间，或单独用药，于雨后的7天内喷施对锈病有内吸治疗效果的杀菌剂，如苯醚甲环唑、腈菌唑等。

虫害重点监测绿盲蝽、棉铃虫幼虫，绣线菊蚜、苹果绵蚜及其天敌的种群数量。当绿盲蝽的有虫梢超过1%，适当调整第1次或第3次用药的时间，或在第2次用药中混加对绿盲蝽高效的杀虫剂，及时防治绿盲蝽；当棉铃虫的有虫果超过1%，需调整第2次用药的时间，或在第3次用药中混加对棉铃虫高效的杀虫剂；当绣线菊蚜或苹果绵蚜的种群数量回升较快，而天敌无法控制其危害时，及时调整第3次用药的时间，或在第2次用药中混加对蚜虫高效的防治药剂，如吡虫啉、噻虫嗪等新烟碱类杀虫剂。

病害重点监测白粉病发生动态，当天气干旱，前期的用药仍不能有效控制白粉病的发展时，在第3次用药中需考虑使用对白粉病菌高效的防治药剂。

防控措施主要以药剂防治为主，配合使用其他措施。

（1）药剂防治。幼果生长期用药3次：

①第1次用药。用药时间宜在中心花谢花70%～80%时，重点防治霉心病、绿盲蝽、山楂红蜘蛛，可选用1种杀菌剂、1种杀虫剂和1种杀螨剂。杀菌剂针对

霉心病病菌选择高效广谱的药剂，如克菌丹、甲基硫菌灵、代森锌等药剂，并兼治锈病和白粉病；花期遇雨考虑广谱性的内吸治疗剂，如苯醚甲环唑等。杀虫剂主要针对绿盲蝽选用内吸传导性的杀虫剂，如氟啶虫氨腈、吡虫啉等，兼治绣线菊蚜和苹果绵蚜。杀螨剂针对山楂红蜘蛛选择长效安全的药剂，如哒螨灵、螺螨酯等，兼治榆全爪螨。

②第 2 次用药。用药时间宜在苹果谢花后 10～15 天，新梢速长期，重点防控锈病和卷叶蛾，可选用 1 种杀菌剂和 1 种杀虫剂。杀菌剂宜选用对锈病菌高效的内吸治疗性药剂，如苯醚甲环唑、腈菌唑等三唑类杀菌剂，并兼治白粉病、斑点落叶病、霉心病等。杀虫剂应针对卷叶蛾选择对天敌杀伤作用较小的专化性杀虫剂，如甲氧虫酰肼、氯虫苯甲酰胺等，兼治棉铃虫、潜叶蛾等夜蛾类害虫。5 月不宜使用菊酯、有机磷等广谱性杀虫剂，以防杀伤天敌，导致红蜘蛛和蚜虫的种群数量急速增长，形成严重危害。

③第 3 次用药。用药时间宜于 5 月下旬，苹果谢花后的 25～30 天，可用 1 种杀螨剂、1 种杀虫剂和 1 种杀菌剂。杀螨剂主要针对山楂红蜘蛛选择长效的杀螨剂，如螺螨酯、三唑锡等，兼治榆全爪螨。杀虫剂主要针对苹果绵蚜和绣线菊蚜选择具有内吸传导特性的杀虫剂，如螺虫乙酯、噻虫嗪等，兼治各种介壳虫。杀菌剂针对枝干轮纹病选择广谱高效的杀菌剂，如甲基硫菌灵、克菌丹、代森锰锌等，兼治腐烂病、斑点落叶病、褐斑病、白粉病等。

此外，也需地面施药防治桃小食心虫。苹果盛花后，当遇 5 毫米以上的降水或浇水后，桃小食心虫越冬基数高，上一年 8—10 月蛀果率超过 5％的果园、地片或树下，地面需撒施斯氏线虫、Bt 乳剂、白僵菌或辛硫磷等，防治桃小食心虫的越冬幼虫。

其他防控措施主要有：5 月中下旬，可悬挂粘虫板、性诱捕器等，诱杀金纹细蛾、苹小卷叶蛾、蚜虫等；缺乏中微量元素（硼、锌、钙、铁）的果园，根据缺素情况，在防治药剂中适当混加相应的叶面肥。

3. 雨季　雨季的病虫防控从 6 月桃小食心虫危害初期开始，直到 8 月底雨季结束，以 10 天为 1 个周期，监测和防控各种病虫。雨季重点监测和防控桃小食心虫、轮纹病、果实炭疽病、梨小食心虫、果实煤污病、褐斑病和炭疽叶枯病，兼治腐烂病、3 种叶螨、潜叶蛾、卷叶蛾、食叶毛虫、天牛等。病虫害防控主要依据气象及桃小食心虫、梨小食心虫等病虫的监测数据，实时决策，决定是否防治，什么时间防治以及用何种药剂防治。

桃小食心虫的监测自 5 月中旬开始，直到 10 月上旬结束，5 月中旬在果园内悬挂 3～5 个桃小食心虫的性诱捕器，诱捕器的悬挂高度 1.5 米，两个诱捕器相距

50米以上，每个月更换1次性诱芯。自诱捕到第1头桃小食心虫开始，以7天为一个周期（留2～4天作为防治预备期）检查每个诱捕器7天内诱捕到桃小食心虫雄蛾的总量，并以单个诱捕器7天内诱捕的蛾量作为用药的指标。当任何一个诱捕器7天内诱捕到桃小食心虫雄蛾的数量达到5头时，应选用对桃小食心虫高效且持效期较长的杀虫剂，结合病害的防控在2～4天内及时用药防治，以杀灭桃小食心虫的初孵幼虫，并兼治其他各种害虫。在用药的当天，更换粘虫板，开始下一个周期桃小食心虫的监测。

梨小食心虫监测自7月中旬开始，直到10月上旬结束，监测方法同桃小食心虫。梨小食心虫的监测与防治与桃小食心虫同步进行，但及时用药的指标设置为10头。当两种食心虫中的任何一种在7天内的诱捕数量超过及时用药的指标时，需针对食心虫及时用药防治；当两种食心虫的在7天内诱捕数量都达不到及时防治指标时，需适当调整用药时间和药剂种类，即要有效控制两种食心种的危害，又要有效控制其他各种病虫的危害。在一个监测周期的10天内，当单个诱捕器捕捉到两种食心虫的数量平均不足1头时，该防治周期无须专门用药防治食心虫，当其他病虫害也不需要防治时，该防治周期内无须用药。

除监测两种食心虫外，还需监测3种叶螨、各种潜叶蛾、天牛等害虫。当山楂红蜘蛛、榆全爪螨和二斑叶螨3种叶螨单独或混合发生，单叶有5头及以上活螨的有螨叶超过2%时，需在最近的一次用药中混加杀螨剂。当6月潜叶蛾（金纹细蛾、旋纹潜叶蛾或银纹细蛾）的有虫叶片超过2%，7月超过10%时，需在该种潜叶蛾下一个世代的卵孵化盛期随食心虫的防治，在药剂中混加对潜叶蛾高效的防治药剂，如灭幼脲等。能防治食心虫的药剂对卷叶蛾和食叶毛虫都有较好的防治效果，在防治食心虫用药超过4次的果园，无须单独用药防治这两类害虫。当蛀干天牛的成虫数量大，超过每100株5头时，需人工捕捉成虫。

目前，菊酯类药剂仍是防治桃小食心虫和梨小食心虫较为理想的药剂，但菊酯类药剂的持效期短。在山东苹果产区，桃小食心虫在6—8月发生两个世代，6月初到7月中旬为第1代的发生期，7月下旬到8月底为第2代的发生期。每个世代成虫发生的高峰期，或单个诱捕器7天内诱捕蛾量超过20头时，可喷施以菊酯类药剂为主要有效成分的杀虫剂。其他时期，可选用不同类型的杀虫剂，在有效防治食心虫的前提下，兼治螨类、潜叶蛾、卷叶蛾、蚧类等害虫。每个世代形成一套完整而系统的药剂配置方案，有效控制该防治期内各种害虫。防治食心虫时，注意每次喷药都使果面均匀着药，尤其是萼洼等处桃小食心虫喜欢产卵的部位。

雨季病害的防控以波尔多液保护为主，每个月可喷施1次波尔多液。2次波尔多液之间，依据降水多少，穿插1～2次对轮纹病、炭疽病、褐斑病、炭疽叶枯病和煤污病等高效的内吸治疗性杀菌剂，如吡唑醚菌酯、戊唑醇、甲基硫菌灵等。喷施杀菌剂时应特别注意，除保证果实和叶片均匀着药外，还应使枝干均匀着药，防止枝干上的轮纹病菌和炭疽病菌产生孢子侵染果实。

主要防控措施包括生态防控、药剂防治、理化诱杀、人工捕杀等。

（1）生态防控。及时疏除过密的枝条，刈割高秆杂草，改善树体内外通风透光条件，降低果园内、树体内和树体基部的湿度，并保证果实、枝干和叶片在喷药时都能均匀着药。及时摘除病虫果，尤其是炭疽病果和桃小食心虫钻蛀的果实，剪除枯死枝梢和病梢，摘除病叶，防止病虫传播蔓延。

（2）药剂防控。

①6月，根据病虫和气象监测用药2～3次，每次选用1种杀菌剂和1种杀虫剂。6月中旬雨季来临之前，以防治病害为主，结合桃小食心虫的防治，在气象预报降水前3～5天，全园喷施第1次波尔多液，杀虫剂可选用能与波尔多液混用且对桃小食心虫高效的防治药剂，如高效氯氰菊酯与辛硫磷的混配制剂。6月上旬，以防治桃小食心虫为主，依据监测若需防治。杀虫剂可选用对桃小食心虫高效且兼治金纹细蛾等潜叶蛾的药剂，如甲维盐与昆虫生长调节剂类杀虫剂的混配药剂；杀菌剂主要针对轮纹病、炭疽病、腐烂病等选择药剂，5月如果日降水量在5毫米以上的降水日超过4个，应针对褐斑病选择高效的内吸性治疗剂，如戊唑醇等三唑类杀菌剂，同时兼治轮纹病、炭疽病、锈病和腐烂病。6月下旬，以防治桃小食心虫为主，依据监测若需防治。杀虫剂可选用对桃小食心虫高效且兼治各种蚧类等刺吸式口器害虫的药剂，如菊酯类药剂或甲维盐与噻虫嗪或螺虫乙酯的混剂；杀菌剂主要针对轮纹病和炭疽病选择广谱高效的杀菌剂，6月如果雨水多，日降水量在5毫米以上的降水日超过5个，需选用高效的内吸治疗性杀菌剂，如吡唑醚菌酯等甲氧基丙烯酸酯类药剂。

②7月，根据病虫和气象监测用药2～3次，每次选用1种杀菌剂和1种杀虫剂。7月下旬集中降水期来临之前，以防治病害为主，结合桃小食心虫的防治，全园喷施第2次波尔多液，并混加对桃小食心虫高效的药剂。7月上旬，以防治桃小食心虫为主，依据监测若需防治，可选用对桃小食心虫和螨类都有较好防治效果的菊酯类药剂，如甲氰菊酯等；杀菌剂选用对褐斑病高效，并兼治轮纹病和炭疽病的内吸治疗剂。7月中旬，以防治桃小食心虫为主，依据监测若需防治，可选用对食心虫高效，且兼治潜叶蛾和卷叶蛾的药剂，如甲维盐与昆虫生长调节剂类的混配药剂，杀菌剂可选用对炭疽病和轮纹病高效的防治药剂。

③8月，根据病虫和气象监测用药2～3次，每次选用1种杀菌剂和1种杀虫剂。8月上旬，以防治病害为主，全园喷施1次对轮纹病、炭疽病和煤污病高效的内吸治疗性杀菌剂，依据桃小食心虫和梨小食心虫的监测若需防治，可混加对桃小

食心虫和梨小食心虫高效的杀虫剂，如氯虫苯甲酰胺等。8月中旬，以防治病害为主，全园喷施1次成品的波尔多液或其他持效期较长的保护性杀菌剂，如克菌丹、甲基硫菌灵等，主要防治轮纹病和果实煤污病，依据桃小食心虫和梨小食心虫的监测若需防治，混加对桃小食心虫和梨小食心高效的杀虫剂，如高效氯氰菊酯等，并兼治潜叶蛾和卷叶蛾。8月下旬，以防治食心虫为主，依据监测若需防治，选择持效期适中的高效药剂，以防止果实内农药残留。杀菌剂主要喷施对轮纹病高效、广谱、持效期适中的杀菌剂，防止腐生菌在果实表面定殖。

（3）其他措施。有条件的果园可于7月中旬悬挂信息素迷向丝、释放赤眼蜂等，防治梨小食心虫；悬挂性诱捕器，捕杀金纹细蛾和苹小卷叶蛾；悬挂糖醋液、食诱剂、驱避剂或其他防治产品，防治桃小食心虫；利用杀虫灯、诱虫板、释放天敌生物等，有效控制各种病虫害；及时剪除天牛危害枝条，人工防治天牛幼虫或捕捉天牛成虫。

4. 果实采收前期　果实采收前病虫害的防控从9月初雨季结束开始到10月上旬果实采收前的20天为止，仍以10天为1个周期，监测和防治各种病虫害。果实采收前虫害重点防控桃小食心虫和梨小食心虫，病害重点防控由弱致病菌在果实表面形成的各种坏死斑点病，并降低果表面的带菌率，减少储藏期的烂果。两种食心虫的防治主要依据性诱雄蛾的数量和时间，确定是否用药、用药时间和用药种类，桃小食心虫和梨小食心虫的监测方法与用药标准同6—8月雨季的防治。

除两种食心虫外，果实采收前还需监测啃食果实表皮的苹小卷叶蛾、叮食果实的椿象和危害枝条的苹果绵蚜。当啃食果皮的苹小卷叶蛾幼虫数量超过每100果1头时，或叮果的椿象超过每100果0.5头时，可选择高效的菊酯类药剂或敌敌畏、马拉硫磷等持效期相对较短的药剂，及时喷药防治，并兼治其他病虫害。当苹果绵蚜的有虫梢率超过5%，而且有继续发展趋势时，可在最近的一次用药中，混加对苹果绵蚜高效的防治药剂，或点片防治。

主要防控措施包括生态防控和药剂防治两项。

（1）生态防控。及时摘除病虫果，并集中处理，以降低果园内的病虫基数；摘除紧贴果面的叶片，防止苹小卷叶蛾啃食果面，并增加透光率。

（2）药剂防治。9月上旬，以防治食心虫为主，依据监测进行防治。杀虫剂宜选用高效的菊酯类杀虫剂，兼治苹果绵蚜和苹小卷叶蛾；杀菌剂需选用广谱高效的保护性药剂，如克菌丹、代森锰锌等药剂。9月中旬至10月上旬，以防治食心虫为主，依据监测若需防治，可用药1~2次，防治药剂需选用安全且无残留风险的高效药剂，杀虫剂可考虑甲维盐、敌敌畏等药剂，杀菌剂可选用多抗霉素、咪鲜胺等药剂。

三、苹果无袋栽培病虫防控中存在的主要问题

1. 病虫基数高，药剂防治难以达到理想的效果　在病虫基数高的果园，尤其是轮纹病、桃小食心虫和炭疽病基数高的果园，只要药剂的防治效果达不到100％，或防治过程中稍有疏忽，都会造成严重损失。例如，2020年栖霞一个10年生的富士果园，主枝主干满布新鲜的轮纹病瘤和病斑，而且春季未喷施铲除剂，在全年使用15次杀菌剂的情况下，采收期轮纹烂果率仍达50％；2018年青岛一个无袋栽培果园因防治不当，采收期食心虫的蛀果率达60％～70％，该果园2019年自6月初至9月中旬连续喷施10次杀虫剂，虫果率仍不能控制在20％以下。

2. 用药缺乏科学性，病虫害防控或顾此失彼，或化学农药使用过量　山东产区苹果病虫害的种类多，发生规律复杂，病虫防控需要设计科学合理的用药方案。目前，无袋栽培苹果的用药存在3方面的问题。

（1）无袋果园的病虫防控方案多是在有袋栽培方案的基础上调整而来，每次用药搭配的种类多，用药量远远超出病虫防控的实际需求。例如，山东莱西一家无袋栽培果园，全年用药16次，使用商品农药和叶面肥78种次，平均每次用药5种次之多。

（2）连续多次使用同一种农药，同一种药剂的使用次数达6～7次之多。例如，有的果园为了防治桃小食心虫连续使用同一种菊酯类药剂，防治轮纹病连续使用甲基硫菌灵，结果导致果实内农药残留严重超标。

（3）药剂防治缺乏系统而科学的方案，病虫防控顾此失彼，且不能持续。

3. 果园环境达不到理想状态，导致药剂防治达不到理想效果　若不能将药液送达病虫防治需要的部位，科学合理的方案仍达不到理想的防治效果。无袋栽培果园用药频繁，提倡机械化用药。然而，树体枝叶茂密，或地面高秆杂草丛生的果园，施药机械无法将药液送到树体的所有部位，树体内膛的部分果实、叶片和枝干长期不能着药，严重影响药剂防治效果。例如，2020年两家农药公司都在海阳同一家乔化栽培的果园内开展无袋栽培试验示范，两家公司的配药方案基本相似，但其中一家采用机械喷药，而另一家采用人工喷药，果实采收时，人工喷药果园的病虫防治效果好于机械喷药的果园，病虫果率低5％～10％。地面的高秆杂草不但影响机械喷药，而且增加了果园的湿度，导致病菌大量侵染。2018年山东莱州一个果园，8月未能及时割草，杂草高度达80厘米，被杂草遮盖的果实煤污病的病果率高达60％以上。

第二章 调查报告

疫情防控不误腐烂病防控

病虫草害防控研究室 孙广宇

苹果树腐烂病受树体营养影响，特别是钾营养周年动态的影响，每年出现春季和秋季两个流行高峰。2月正处于春季流行期，一些果园腐烂病开始发生，一些管理较差、树势衰弱果园的腐烂病发生严重（彩图2-1）。2020年2月上中旬，为了控制新型冠状病毒肺炎蔓延，一些农事活动无法展开。目前，大多数果区处于疫情低风险流行区，望广大果农尽快开展苹果园早春农事活动，特别是不要耽误腐烂病的防治。

树体钾含量及氮钾比是影响腐烂病发生的主要因素。大量试验及田间调查都显示，树体钾含量越低腐烂病发生越严重，氮钾比越高腐烂病发生越重。长期以来，由于对苹果钾营养认识不足，施肥不合理现象严重，造成果园树体钾含量普遍偏低、营养失衡、树势衰弱。黄土高原70%以上树体钾含量不足或严重不足，是苹果树腐烂病多年高发的根本原因。

受2019年苹果销售不畅的影响，部分果农放松了果园管理，从2019年秋季到2020年2月一直没有施用基肥，致使树体储存营养不足。另外，许多果农在春季施肥中大量使用氮肥，容易造成营养失衡，并导致钾元素比例降低，促进了腐烂病的发生。

控氮增钾是提高树体免疫、防治苹果树腐烂病的核心。有效控制苹果树腐烂病的发生，需要做好两方面的工作：第一，控制氮肥使用量。对于亩产2 000～3 000千克的果园，建议纯氮使用量为16～24千克。第二，合理增施钾肥。对于亩产2 000～3 000千克的果园，建议纯钾使用量为32～48千克；对于腐烂病发生较重或严重发生果园，每亩增施纯钾8～16千克。各种商品化肥都有氮磷钾含量标注，果农可以根据自己果园2020年的目标产量、腐烂病发病情况、施肥种类等折算施肥数量。

对于目前已经发病的果园，建议及时刮除病斑，并进行药剂保护。刮除病斑要注意"早、小、了"，即尽量在病斑发生早期较小时进行，而且要将病斑刮除彻底。刮治关键注意两点：一是彻底将变色组织刮干净，再向外刮2厘米左右；二是刮口不要拐急弯，要圆滑，不留毛茬，上端和侧面留立茬，尽量缩小伤口，下端留斜茬，避免积水影响伤口愈合。建议使用甲硫·萘乙酸、腐殖酸铜、菌清（涂干剂）、噻霉酮等膏剂进行保护。

春季苹果园白粉病和绣线菊蚜的首次防控时期

病虫害防控研究室　曹克强

春季，伴随着苹果花芽露红、开花和长叶，一些病虫害也开始萌动并侵染危害。苹果树上主要的病虫有十多种，不同病虫害发生的时期早晚各不相同。人们经常讲的苹果早期落叶病（包括斑点落叶病和褐斑病）实际的发生时间并不早，而白粉病、锈病、黑星病等叶部病害则在3—4月就开始发生了，要多加注意。昆虫中绣线菊蚜是发生最早的害虫之一。对病虫害的首次防控特别要注意掌握它们的发生部位和时期，只有在关键时期进行喷药防治，才能取得良好的防控效果，有时在喷药时间上仅差几天，防控效果会相差甚远。

病虫害在开始发生时，因为数量少、发生部位隐蔽而经常被忽视，这就需要我们仔细观察。下面是2020年4月上中旬我们在河北省保定市河北农业大学试验果园拍摄的几张图片，通过这些图可以帮助我们确定这两种病虫的首次防控时段。彩图2-2是4月10日拍摄的绣线菊蚜，绣线菊蚜以发生在枝梢为主，这几张图反映的是蚜虫在花上的取食危害，根据蚜虫的大小不一判断，一些雌成虫应该在花芽露红期就开始爬到花瓣上危害，并产下不少若虫，因此，对蚜虫的防控关键时期应该在花芽露红期。对彩图2-2上部同一朵花继续观察，至4月13日，原来的蚜虫已经从花瓣外转移到花心内，剥开花瓣后才能看到同一组蚜虫正在雄蕊基部刺吸危害（彩图2-3）。由此可以联想到如果早些时间没有进行喷药防控，蚜虫一旦进入花心受到花瓣的遮挡，则药剂很难接触到蚜虫。另外，花期也是蜜蜂授粉的关键时期，此时喷杀虫剂对蜜蜂也会造成很大伤害，因此，对绣线菊蚜一定要在花芽露红期进行首次防治，尤其对每年蚜虫都发生很重的果园更该如此。花芽露红期喷药既节省杀虫剂的药液量，也能更加容易地触杀到蚜虫。4月14日晚间，保定下了一场雷阵雨，翌日发现原来在花内取食的蚜虫仅剩下两头，看来雨水对蚜虫有一定的冲刷作用（彩图2-4）。

苹果品种莫里斯高感白粉病，栽植这几棵树每年都会发生白粉病。2020年3

月 29 日我们在顶梢上发现白粉病，经调查发现顶芽出现的白粉病约占初始量的70％，发病叶片表面出现白色霉状物，叶片变窄，皱缩，两侧边缘多上卷（彩图 2-5）。4 月 15 日观察，顶芽下面的叶片已经被感染并出现卷叶现象（彩图 2-6）。有时叶片上并不容易观察到白粉状物，需要与症状表现明显的叶片一起来分析才能够进行判断。早春白粉病的潜伏期多在一周左右，因此，在 4 月上旬白粉病菌即已开始了再侵染。对白粉病的防控也应该在花芽露红期就开始喷药，由于中下部枝条出现症状多于中上部，所以，喷药重点应该着重中下部枝梢的前端。对早期发现的症状表现明显的枝梢也可以随手剪掉，并放到塑料袋中带出园外，每减少一个发病中心，都会在很大程度上减少这些初始菌量对后续侵染带来的威胁。

2020 年苹果花期冻害果园应急管理指导意见

栽培与土肥研究室　薛晓敏　王金政

2020 年 4 月 4—5 日、10—12 日，受北方强冷空气影响，我国北方地区遭遇大范围降温、降水、大风天气过程，环渤海湾、黄土高原苹果主产区部分产地最低温度降到－3～－1℃，局部地区果园实际温度降到－6.5～－4.0℃。本次花期大风降温天气过程的特点是降温速度快，降温幅度较大，绝对最低温度值不是很低，低温持续时间较短，对苹果生产整体的灾害性影响有限。但是，由于正值苹果主栽品种处于花序分离—铃铛花—初花期—盛花期阶段，局部地区特别是地势低洼、山塬底

图 2-1　果园花期发生冻害

部的果园，依然发生轻度至中度花期冻害，给当地苹果开花坐果和后续生产造成较大影响（图2-1）。针对本次冻害发生的特点，提出苹果花期冻害果园应急性管理指导意见如下。

1. 停止疏花，延迟定果　发生霜冻灾害的苹果园，应立即停止疏花，以免造成坐果量不足，疏果、定果推迟到幼果坐定以后进行。

2. 人工授粉，提高坐果　采用人工点授、器械喷粉、花粉悬浮液喷雾等多种方法进行人工授粉，可以解决冻害发生以后由于花器畸形、授粉昆虫减少、花粉和雌蕊生活力下降引起的授粉困难和授粉不足的问题。授粉于冻后剩余的有效花（雌蕊未褐变的中心花、边花或腋花芽花）50％～80％开放时进行，重复进行2次。

3. 灌水补肥，增强抗性　冻害发生较重果园，应尽力采取各种方法灌溉，缓解冻害对树体造成的不良影响，提高生理机能，增强抗性和恢复能力。采取叶面喷施0.3％～0.5％尿素、0.2％～0.3％硼砂或其他叶面肥料，以补充树体营养，促进花器官发育和机能恢复，促进授粉受精和开花坐果。

4. 保障坐果，精细定果　对于冻害比较严重、有效花量不足的果园，应充分利用晚花、边花、弱花和腋花芽花坐果，保障坐果量。幼果坐定以后，根据整个果园坐果量、坐果分布等情况进行一次性疏果，选留果形端正、果个较大的发育正常果，疏除弱小、畸形、冻害霜环果。定果时力求精细准确，要充分选留优质边花果和腋花果，以弥补产量不足，确保有良好的产量和经济效益。

5. 病虫防控，降低损失　主要是及时防止金龟子、蚜虫、花腐病、霉心病、黑点病、腐烂病等危害叶片、花朵和果实，以免进一步影响坐果和果实产量。有条件的果园，可以结合灌水增施有机肥和化肥，提高树体营养水平，使受冻害较轻的花果得到恢复。

陕西渭南苹果产区冻害情况调查及补救措施

渭南综合试验站

2020年4月24日3—7时，陕西渭南苹果产区的澄城县、合阳县、白水县、蒲城县等地遭遇了极端低温冻害天气，部分地区气温达到−3.5℃以下，特别严重的区域是澄城县赵庄镇的东北部、冯原、王庄和白水县的林皋镇及合阳县北部等地。此次冻害呈多路径点状分布，虽然试验站、示范县根据预报提前进行了预警，各镇也组织果农积极防御，采取冻前浇水、喷打防冻液和冻期熏烟等防范措施，但由于此次低温冻害温度低、持续时间长（3~4小时），还是导致了部分区域幼果受害（彩图2-7）。

这些区域正值苹果落花后的幼果期，从冻害表现看，冻害较轻的幼果表皮变为褐色，表皮容易脱落；冻害严重的幼果花托内外全部变黑褐色，丧失活性。从调查树冠部位来看，一般树冠下部严重，上部较轻。从受冻果园栽植位置来看，一般低洼的果园受冻较重，高台地带的果园受冻较轻。从果园管理水平来看，树势强旺、提早做好疏花工作的果园受冻害较轻，管理程度差、树势弱、树体负载花果量大的果园受冻害程度较重。

遭遇苹果幼果期冻害，果园管理上要积极应对，采取必要的技术措施，集中力量把冻害影响降到最低。

1. 延迟定果　发生冻害灾害的苹果园，应立即停止疏花定果，以免造成坐果量不足；疏果、定果推迟到幼果坐果以后再根据受害情况和坐果数量进行，并注意疏除霜环果。

2. 喷施植物生长调节剂　对已经造成冻害的果园，立即喷施植物细胞稳态膜剂天达2116或天然芸薹素481 6 000~8 000倍液＋益微1 500~2 000倍液，这样可以修复受损的细胞膜，减轻冻害，同时要加强土肥水管理，增强树势。

3. 充分利用边花、腋花芽结果　对于冻害较重、有效花量不足的果园，应充分保留和利用边花、弱花和腋花芽花晚花结果，待幼果坐定以后，根据整个果园坐果量、坐果分布等情况，每花序可保留1~2个果实，以弥补产量不足。

4. 强化人工辅助授粉　对晚茬花及时进行人工授粉，以提高坐果率。采用人工点授、器械喷粉、花粉悬浮液喷雾等多种方法进行人工授粉，可以解决冻后由于花器畸形、授粉昆虫减少、花粉和雌蕊生活力下降引起的授粉困难和授粉不足的问题。授粉时间以冻后剩余的有效花50%~80%开放时进行，重复进行2次。

5. 叶面喷肥，补充营养，促进坐果　发生冻害果园应采取喷施尿素0.3%~0.5%、硼砂0.2%~0.3%或其他叶面肥料进行叶面喷肥，补充树体营养。

6. 实施精细定果　受害果园应在幼果坐定后进行精细疏果，选留果形端正、果个较大的发育正常果，疏除弱小、畸形、冻害霜环果。定果时要充分利用优质边花果和腋花芽结果，以确保有好的产量和经济效益。

7. 加强病虫害防治　主要是及时防治花腐病、霉心病、金龟子、蚜虫、腐烂病等病虫害。预防花腐病和霉心病，可喷10%多抗霉素可湿性粉剂1 000倍液或4%农抗120水剂800倍液。

宁夏引黄灌区苹果主产区遭受严重霜冻

银川综合试验站　王春良　贾永华　李晓龙

2020年4月17日，宁夏发布了《自治区人工影响天气与气象灾害防御指挥部办公室关于做好大风降温霜冻天气应对防范工作的通知》（宁气防办发〔2020〕2号）。据气象台预报，近期多冷空气活动，预计4月18—24日全区大部有5级左右偏北风，部分地区阵风7～8级，并伴有沙尘天气，20—24日清晨最低气温持续较低，大部地区在−3～3℃，有轻霜冻或霜冻。

为切实做好近期大风降温霜冻天气过程的防范应对工作，国家苹果产业技术体系银川综合试验站及时转发了上述通知，并通过电话、短信、微信群多渠道提醒广大果农高度重视，建议广大果农采取灌水、放烟、加热、防霜风机、放蜂等多举措综合进行防范，认真做好农业气象防灾减灾工作。

但连续多日低温依次加重的霜冻，还是造成了宁夏引黄灌区苹果主产区花期冻害严重的情况发生（图2-2、图2-3）。据气象局4月24日监测的最低气温数据显示，银川综合试验站园林场基地为−3.5℃（5时），主产区中宁太阳梁气温为−5℃，吴忠市孙家滩基地−10℃，利通区五里坡村−6℃，扁担沟−4.5℃。引黄灌区降温幅度太大，最低在−8.6～−2.1℃。

图2-2　苹果花朵受冻状况

经初步调查，银川综合试验站基地花朵受冻率分别如下：完全开放的花朵受冻率几乎为 100%，气球状的为 92%，花序分离的为 86%，露红期的为 80%，未露红的腋花芽为 40%。由于正值花期，加之连续几日的霜冻，据微信"全区林业产业发展交流群"各地果农反馈的受冻调查情况初步判断，宁夏引黄灌区苹果主产区遭受严重霜冻，2020年大部分绝产已成定局。

在霜冻受灾情形下，银川综合试验站提醒广大果农在霜冻后停止一切疏花疏果工作，及时采取喷施营养液、植物生长调节剂及放蜂等措施进行补救，最大限度减轻霜冻造成的危害，对果树进行的正常管理，不可弃之不管，以免影响来年产量。

图 2-3　低温造成结冰情况

对山海关区大樱桃园的考察报告

河北农业大学植物保护学院　曹克强　王勤英
秦皇岛市木美土里农业发展有限公司　张　召　缪振然
秦皇岛市山海关区农业农村局　魏　宏　解云彪
秦皇岛市植物保护站　董立新

山海关引进樱桃的栽培历史已有 30 年，是北方及环渤海湾三大主要樱桃栽培区之一。目前全区大樱桃栽培面积已过 3.2 万亩，产量超过 3 万吨，栽培面积涉及山海关区三镇 53 个行政村，主要集中在石河镇北部浅山区。主栽品种为美早、萨米脱、红灯、黄白、早大果等多个。2010 年注册了"贡仙"商标。30 年的发展，山海关樱桃产区已经形成一定规模。

目前，山海关大樱桃产业亟须引进优系品种、先进的生产管理技术，提高樱桃品质，扩大知名度，确立山海关大樱桃产业在国内的影响力。

为实现山海关地区大樱桃的发展目标，2020 年 4 月 25 日，河北省山海关区大樱桃创新驿站首席科学家、河北农业大学曹克强教授及王勤英教授等一行 4 人到秦皇岛市木美土里农业发展有限公司进行调研，在公司大樱桃生产基地与秦皇岛市山海关区农业农村局局长以及秦皇岛市植物保护站站长等进行了会谈交流，在地方领导的带领下对山海关区大樱桃生产现状和存在的植保问题进行了实地考察（图 2-4、

图 2-5）。

图 2-4　专家进行实地考察

图 2-5　考察组在木美土里公司大樱桃生产基地交流和调研

一、考察果园的基本情况

秦皇岛市山海关石河大樱桃专业合作社成立于 2008 年 5 月 13 日，位于石河镇毛家沟村，合作社现有社员 108 名，已带动周边农户 150 户，建立采摘园 200 余个，大樱桃种植面积达到 1 200 多亩，年产樱桃 600 吨。2016 年合作社注册了"樱韵"牌大樱桃商标。

秦皇岛天储农业开发有限公司成立于 2015 年 3 月，中心区面积 136 亩，现有大樱桃防雨棚 10 亩、设施节能日光温室 10 亩、露地栽培樱桃 106 亩，种植大樱桃 3 000 株，主栽品种有红灯、美早、砂蜜豆 10 余个。周边辐射大樱桃种植户 40 余户及 2 个种植大户，面积达 536 亩。

秦皇岛八达种植有限公司坐落在山海关区石河镇上沟村，占地面积 36 亩，主要从事设施樱桃和露地樱桃栽培，主要栽培美早、含香、砂蜜豆等 5 个品种，市场反应良好。其中设施樱桃大棚 6 亩、露地樱桃 25 亩，可实现 3—7 月超长樱桃供应期。

二、考察的几点认识

考察认为，山海关区樱桃产业总体发展良好，该产业是农民脱贫致富的支柱产业，农民种植樱桃的积极性很高，樱桃产业已经帮助地方农民实现了脱贫。未来的发展方向是进一步提升果品品质，创出地方品牌，扩大地方产品的知名度，进一步提升产业的效益。

山海关区与山东烟台及辽宁大连樱桃生产基地相比，具有昼夜温差大、果品含糖量高的优势，但是也存在一些劣势，主要体现在品种老化、栽培技术相对落后、品牌知名度不高。由于冬季气温偏低，在低洼地露地栽培时容易发生冬季冻害。

在考察中也发现，除了暖棚外，避雨栽培也开始兴起（图 2-6），有的企业已经开始尝试高纺锤形矮砧密植栽培模式（图 2-7），在修剪方法上也有柱形修剪等创新（图 2-8），在产品销售上也都有自己的品牌，这些都需要不断积累经验。

图 2-6　暖棚和避雨栽培的大樱桃园

图 2-7　矮砧密植栽培模式的大樱桃　　　图 2-8　利用主枝结果的修剪模式

三、考察发现的植保问题及解决方案

第一，在考察中发现一些中老龄果园病虫害问题比较突出，最为严重的是日灼病。由于大樱桃的树形多数为几大主枝形成的开心形，受夏季日光的照射，大枝西南侧向阳面极易发生日灼，导致树皮开裂，形成大的伤口，树体汁液蒸发，严重削弱树势，导致木腐病、腐烂病、天牛等易发（图2-9、图2-10、彩图2-8、彩图2-9）。第二，考察中发现几乎每个樱桃园都存在一定程度的流胶病（彩图2-10），其原因与果园修剪不当、病菌感染、害虫的蛀伤、低温冻害等有关。流胶病最主要的危害是削弱树势，导致果品产量下降，果实变小，品质降低。流胶病属于核果类果树的老大难问题，急需采取合理措施加以解决。第三，樱桃根腐病发生严重。由于山地条件土壤营养含量水平低，加上产量要求高，形成根系养分供需矛盾，导致根腐病较重，体现在叶片较小、发黄，树势很弱，果个儿小，品质较差。因为品种和湿度不均衡等原因，大棚内和露地樱桃裂果均非常严重。

图2-9　传统栽培模式的开心形树形易造成枝干向阳面发生日灼

虫害方面，对管理粗放、树势衰弱的樱桃园危害严重的是蛀干害虫红颈天牛，其次是金缘吉丁虫和桃小蠹，这些枝干害虫喜欢在树势比较弱的树体产卵，幼虫蛀入树干或在树皮下串食危害，严重时导致树皮脱落，木质部溃烂，加速了树体的死亡（彩图2-11）。介壳虫也是发生比较普遍的害虫。这些害虫取食樱桃枝干的汁液，并排出蜜露，既影响树势，又污染树体和果实，对果品品质影响较大（彩图2-12）。

图2-10　在大樱桃剪口处发生的木腐病

除以上主要病虫害外，还发现一些病毒病（图2-11）、花腐病（图2-12）以及蚜虫、红蜘蛛等害虫，这些次要病虫害在不同果园有不同程度的发生，条件适宜时有可能会上升为主要病虫害，需要给予足够的重视。

图2-11　由病毒引起的叶片耳状突起

图2-12　大樱桃花腐病

针对这些病虫害问题，我们提出以下解决方案：

1. 强壮树势，提高树体抗性　建议在8—9月，加强果园的营养供给，每亩果园施腐熟有机肥2～3吨，加木美土里生物菌肥200千克，施氮磷钾复合肥80～100千克。

2. 对树体涂干保护　轮纹终结者1号是一种生物涂白剂，内含对病原菌有拮抗作用的微生物，该产品涂在树干上，防护功效可以保持一年。经过试验测试，涂到枝干西南面后，在周年下午2—3时最热时，能够平均降低树皮温度8～9℃。因此，对枝干涂抹以后，可以有效预防枝干的日灼，避免病原菌对枝干的侵染，预防流胶病的发生。同时，由于其特殊的物理防护作用，还能保护树体免受介壳虫的危害，减少红颈天牛在枝干产卵的概率，一举多得。该产品在樱桃病虫害防控上将发挥非常大的作用。使用时间以雨季到来之前应用最好，一年涂抹一次即可。

3. 加强栽培管理　对樱桃修剪后，要对剪锯口马上进行涂药，可选用菌清（涂干剂）或甲硫·萘乙酸等伤口愈合剂，减轻腐烂病、流胶病的发生概率。对枯树、枯枝和病残体要及时移出园外处理，或经粉碎后还田（图2-13）。避免大水漫灌，控制棚内湿度，减轻裂果的发生。对病毒病的树进行标记，每次修剪时，先剪健树，

图2-13　修剪下来的大樱桃枝条应该移出园外

最后再修剪病树，以免通过修剪工具造成交叉感染。对修剪工具要通过开水浸烫或通过对修剪工具喷淋消毒液进行消毒。

4. 控制好温湿度，减少裂果等生理性病害　冬季和早春要保持棚内温度，控制好湿度，避免大棚内樱桃裂果等生理性病害的发生（图2-14）。露地樱桃通过架设避雨棚减少裂果。

图2-14　由于棚内湿度大造成的大樱桃裂果病

5. 采用绿色防控措施防治病虫害　利用引诱剂和天敌等绿色防控措施防治樱桃害虫，释放蒲螨防治桃小蠹、吉丁虫和天牛幼虫，果实转色成熟期悬挂果蝇引诱剂诱杀果蝇，利用诱虫灯诱杀金龟子和蛾类害虫。

勿把苹果坏死花叶病当成斑点落叶病

病虫害防控研究室　曹克强

2020年5月下旬一些果农打电话咨询并发来照片，说他们果园出现了早期落叶病，有人将其判断为斑点落叶病或炭疽叶枯病。通过对这些照片进行对比发现，其与我们在河北农业大学试验果园发现的症状相同，属于病毒病。我国植物病毒专家中国农业科学院植物保护研究所李世访研究员曾经介绍，我国苹果上的花叶病实际上都由坏死花叶病毒引起的，只是多数情况下其症状很少出现坏死，所以人们都将其称为花叶病。但是近几年我们在某些苹果品种上有发现，如中秋王、锦绣红等，其症状既有一般的花叶，同时又出现叶片的皱缩坏死，有的叶片花叶表现不明显，而只出现坏死斑，这类斑点多呈圆形、褐色，病部与健康组织界限明显，带病叶片多表现不同程度皱缩，有时多个病斑连成一片，严重时也造成叶片脱落（彩图2-13～彩图2-15）。如果不仔细分辨，极容易把它们确认为斑点落叶病。

经我们观察，这类坏死花叶病发生时期比较早，在渤海湾苹果产区 4 月中下旬即可出现，而一般的早期落叶病如斑点落叶病和褐斑病要到 5 月中下旬才开始侵染并少量显症，6 月逐渐进入高发期，炭疽叶枯病则更晚一些，7 月是炭疽叶枯病大量侵染的

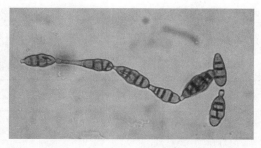

图 2-15　引起斑点落叶病的病原菌（链格孢）

阶段。对病斑进行保湿培养，发现由病毒病引发的坏死斑表面没有出现可见病原物，而斑点落叶病的病斑上会长出黑色霉层，在显微镜上观察可见成串的砖格状分生孢子（图 2-15）。

对病毒病的防控，目前还没有有效药剂，一切有利于增强树势的管理措施都能在某种程度上对病毒病有所抑制，但无法根除，最根本的措施还是选用脱毒苗木。不同品种之间对病毒的抗性有差异，中秋王、锦绣红等对病毒病比较敏感，所以坏死症状比较典型。

对病害的正确判断是我们防控病害的基础，避免错误用药带来不必要的人、财、物损失。

山东省域苹果雹灾调查及灾后应急管理指导意见

栽培与土肥研究室　薛晓敏　聂佩显　王金政

2020 年 5 月 17 日晚 8 时开始，受强对流天气影响，山东省烟台、威海、青岛、临沂、淄博、潍坊等多市出现冰雹大风天气。由于此次冰雹灾害有持续时间长（最长达 20 分钟）、雹径大（大者约 8 厘米）、密集度高等特点，给部分产地苹果生产造成较大影响（彩图 2-16）。灾情发生后，苹果产业技术体系花果管理岗位及时通过电话、微信等方式，与各有关市（县）果树推广部门联系，了解雹灾发生情况及程度，现将灾情发生情况及灾后应急措施报告如下。

一、受灾情况统计

全省苹果受灾面积近 20 万亩，以青岛、威海、烟台等胶东半岛苹果主产区受害较重，尤以青岛莱西、烟台莱州及威海南海新区，冰雹大如鸡蛋，危害较重（表 2-1）。此外，泰沂山区的淄博和临沂也受害较重，尤其是淄博沂源县的燕崖、中庄苹果主产乡镇，重者果园减产一半以上。据统计，全省重度灾害果园（幼果雹

伤重，损失率＞65％）约占 15％，中度灾害果园（幼果雹伤较重，损失率 30％～65％）约占 30％，轻度危害果园（幼果损伤较轻，损失率＜30％）为 55％左右。

表 2-1　山东省冰雹受灾情况统计

地区	受灾面积/万亩	受灾区域
青岛	6.0	平度、莱西、即墨
威海	4.9	文登、南海新区、乳山、荣成
烟台	4.0	莱州、莱阳、栖霞、招远、牟平
淄博	3.0	沂源
临沂	1.1	沂水、费县、平邑、莒南
潍坊	0.3	诸城、安丘、临朐等

二、灾后应急管理技术

1. 及时清理果园　及时疏除伤口较多、树皮破损严重的一年生枝，立即清理落地的残果、残枝和落叶，并集中销毁，减少传染源。对于雹灾过后有积水的果园，要及时排水，防治涝害。

2. 疏果定果　此次雹灾发生在果实套袋前，胶东半岛产区尚未完成疏果定果工作，所以严格进行精细疏果定果，可最大限度减少产量损失。对于重灾区果园，疏掉重伤果，重点保留无伤的幼果坐果，充分选择利用轻伤和中度受伤果坐果；对于中度雹灾果园，中心果受到中、重度伤害的要疏除，选择 1 个无伤的边果替代；对于轻度受灾果园，主要采取疏除雹伤果，保留健康无伤果，按常规方法疏果定果。

3. 进行伤口保护　对于果树主干、主枝和一些较大侧枝的皮层被冰雹打伤后，应及时剪除翘起的破皮，涂抹成膜剂（果树康）、波尔多浆或松焦油原液（腐必清）等保护性药剂，提高伤口的愈合能力；对一些较大的主枝，雹伤面积在 1 厘米² 以上的伤疤，涂抹药剂的同时，用塑料膜包扎伤口，促进伤口的愈合。

4. 补充营养、恢复树势　可叶面喷施氨基酸叶面肥或 0.2％～0.3％磷酸二氢钾，每隔 10 天 1 次，连喷 2～3 次，及时解决树体营养不足的问题；受灾严重的大树可趁土壤潮湿及时追施果树专用肥和复合肥等速效肥，每株 0.5～1.0 千克，浅沟施入。

5. 加强病虫害防控　雹灾后果园树势较弱，抗病能力下降，要加强防控措施，及时喷补杀菌剂，如 70％甲基硫菌灵可湿性粉剂 800～1 000 倍液或 10％苯醚甲环唑水分散粒剂 2 500 倍液，连喷 2～3 次。有条件果园喷 0.136％赤·吲乙·芸可湿性粉剂（碧护）（植物生长调节剂）1 000 倍液或天达 2116 植物生长营养液 1 200 倍液，增强树势。

三、冰雹灾害的防御措施

全球气候变暖导致农业气象灾害多发、频发，气象灾害对果树产业的灾害性影响越加深重。因此，提高对苹果（果树）产业防灾减灾的重视，成为产业高质量、可持续发展的战略措施。雹灾是我国苹果产业多发、频发的重要气象灾害，雹灾防控是保障产业高效、持续、健康发展的重要任务，现提出如下冰雹灾害防御的关键措施。

1. 区划种植，适地建园 苹果应在国家规划的优势区内集中发展，形成基地。因可形成冰雹的积雨云区比较狭窄，并常沿山脉、河谷移动，故降雹地区往往呈带状分布，具有明显路径。冰雹的发生还与地形地貌有关，多表现为山区多平原少，秃山多林地少，迎风坡多背风坡少，内陆多沿海少。各地在发展苹果时，应充分了解当地冰雹发生特点和路径，在此基础上进行区划，尽量避开易雹地带。

2. 优化生态，改善微域环境 尽量优化果园生态，改良果园小气候，提倡建园时在果园四周营造防护林，背风面防护范围为林带高度的 20～25 倍，迎风面则为林带高度的 5 倍。

3. 架设防雹网 架设防雹网是预防冰雹危害最有效的方法。可根据果园地形选平面式搭架，架高 4 米，管距 15～20 米，以 45°设置拉斜线的牵引，管底焊十字架，并用混凝土固定，管与管之间用 8♯ 铁丝连接，再用 10♯ 铁丝拉网。如果是新建矮砧密植果园，建园时就搭建有果园支架的系统，可配合支架加盖果园多功能网，不仅能防雹，还兼具防鸟、防霜等作用，一网多用。

4. 加强预测预报 冰雹的形成具有明显的气象特点，所以根据气象部门的数据可以预测预报，尤其在果实膨大后应特别注意气象预报，以便及时采取防雹减灾措施。

5. 尽早参加农业保险 近些年，随着极端气候的频繁发生，防护措施相对薄弱的果树应尽早加入农业保险。这样一旦遭遇危害，果农可以取得一部分保险收入。

辽南苹果锈病发生情况调查

熊岳综合试验站　于年文　刘　志　里程辉　张秀美　李宏建

2020 年 5 月 25 日，熊岳综合试验站团队成员到果园指导时，发现苹果锈病开始发生，并且发生程度较重，通过现场调查、电话和微信咨询的方式对盖州市、庄河市、大连瓦房店市、大连市金州区等相关苹果园苹果锈病发生情况进行调查，从调查结果看，2020 年辽南各地区苹果园均有苹果锈病发生，发病程度较往年重，病害发生迅速（彩图 2-17）。

一、发生特点

1. 发生面积大，受害程度重　辽南地区各苹果产区均有锈病发生，发生面积大。本次锈病发生程度较重，病害严重的苹果园，80% 以上叶片有锈病发生，每片叶少则 2~3 个黄色病斑，多则几十个病斑，每个品种都有发生。

2. 发病时间短，病害发生迅速　一周前，叶片还没发现锈病，一周后（雨后）就发现有锈病发生，发生比较迅速，许多果园还没来得及打药，病害就已很严重。

二、发生原因分析

1. 气候异常，病虫害防治不及时　花前低温、风大，受大风影响，许多果园没有喷花前药，即使喷了花前药，也不是针对锈病，使用药剂不对症，对锈病防治效果差。花期低温多湿，花后又连续下了一周雨，雨量较往年大，降水影响果园打药，许多果园花前、花后药没有喷上，病虫害防治不及时。气候异常加上病虫害防治不及时，造成 2020 年锈病大发生。

2. 果农不认识锈病，错过最佳防治时间　近十多年，锈病在辽南果区很少发生，只是近几年零星发生过，果农对锈病防护意识较差，没有提前进行预防。发病初期没有注意到锈病发生，错过了最佳防治时期，即使发病也不知道用什么药防治效果好，还有不少人把锈病当成斑点落叶病没有重视。不认识锈病，错过最佳防治时期，是造成了锈病发生的另一个主要原因。

三、防治方法

1. 清除转主寄主　彻底清除果园周围 5 千米范围内的松柏、龙柏，断绝锈病的侵染菌源，如果松柏等转主寄主不能清除时，则在转主寄主上喷药，防止转主寄主发病。可于春季冬孢子角未遇雨胶化之前喷 5 波美度石硫合剂或 40% 氟硅唑乳油 6 000 倍液 1~2 次。

2. 药剂防治　苹果树展叶后，在冬孢子角胶化之前在树上喷药，随后在 10 天内再度喷药，药剂可用 40% 氟硅唑乳油 6 000 倍液，或 12.5% 腈菌唑乳油 1 500 倍液，或 12.5% 三唑酮可湿性粉剂 1 000 倍液，或 10% 苯醚甲环唑水分散粒剂 1 000 倍液，或 4% 四氟醚唑水乳剂 4 000 倍液进行防治。锈病发生后，熊岳综合试验站通过现场指导、电话、微信及视频等形式，指导果农进行锈病防治，降低病害造成的损失。

高温天气矮化密植果园需注意及时灌水

河北农业大学　王树桐　邵建柱

2020 年 6 月 8 日，国家苹果产业技术体系岗位科学家邵建柱教授与王树桐教授赴唐县北店头乡马家佐村河北丹凤山农业开发有限公司和曲阳下河乡刘家马村河北绿阳农业科技有限公司的苹果种植园区进行调查指导。在两个园区的调查中均发现了一些果树出现了叶片萎蔫、黄叶甚至落叶的现象（彩图 2-18）。经仔细考察，认为主要是土壤水分不足导致的萎蔫，为缺水所致。这段时期气温上升很快，午后气温高达 35℃以上，有时甚至接近 40℃。地面蒸发量和树体蒸腾量非常大，而园区果树均为矮化密植型果树，根系相对较小，对土壤缺水较为敏感。其中部分果树的根系发育不良，垂直分布浅，水平分布范围小，就出现了这种更为严重的萎蔫黄叶。针对上述现象，提出如下建议：

（1）延长滴灌浇水的时间，有条件的情况下尽量晚上也浇水，弥补仅白天浇水导致轮灌周期过长，果树不能及时得到水分供应的问题。

（2）对于已经出现明显缺水症状的果树，要及时灌水或在每棵果树根系范围内埋一个 5 升左右的食用油桶，桶壁针刺几个小孔，将桶内注满水，使其通过桶壁小孔向外缓慢释放水分，以补充滴灌浇水不足的部分。

（3）秋施肥时每亩根施腐熟有机肥 4 米^3 左右，提高根系土壤有机质含量，增强土壤蓄水缓冲能力。

要注意苹果生理性黄化落叶与褐斑病之间的区别

病虫害防控研究室　曹克强　王勤英　王晓燕

2020 年 6 月我们在沧州市河间市以及保定市望都县果园调研时，果农向我们反映他们的苹果树发生了褐斑病，叶片黄绿相间，有时上面还有褐色病斑，严重的出现了落叶。

经我们仔细观察认为，这不是褐斑病，除个别叶子是由坏死花叶病毒病引起外，主要是由于高温缺水引起的生理性黄化和落叶（彩图 2-19、彩图 2-20），应该通过肥水管理来调控（参考《高温天气矮化密植果园需注意及时灌水》），而不需要施用化学药剂。

由于果农的误判，我们联想到褐斑病的症状。褐斑病的症状表现变异很大，其病斑有针芒型（彩图 2-21）、绿缘坏死型（彩图 2-22）和同心轮纹型（彩图 2-23）

等类型。为何同一种病菌会引起不同类型的症状？现在看来寄主和环境条件也发挥了很大作用，其中针芒型症状与这次的生理性黄化症状有很大相似之处，因此认为褐斑病针芒型症状的出现应该与果树本身生理失调有很大关系。

综上，对果树的异常表现一定要先明确原因，然后再对症下药。

2020 年 6 月 25 日河北保定西部雹灾情况调查报告

河北省现代农业产业技术体系水果创新团队　张学英　马爱红　王俊芹　杜国强　李建成

2020 年 6 月 25 日下午 4 时 50 分至下午 6 时，保定市部分区域出现强降水伴随冰雹。雹灾发生后，河北省水果创新团队迅速通过微信群、电话进行了灾情调查。6 月 26 日，河北省现代农业产业技术体系水果创新团队与国家桃体系、苹果体系、葡萄体系以及保定市农业农村局、满城区农业农村局和顺平县农业农村局积极对接，迅速组成灾情调查小组，深入到雹灾严重的满城区、顺平县进行灾情调查。

一、受灾情况

此次雹灾中，满城区主要受灾区域涉及刘家台乡、坨南乡、石井乡、满城镇、南韩村镇。葡萄受灾面积约 2 万亩，果穗基本全部受害；桃受灾面积 1 万余亩，果实受害率 60%～90%；苹果受灾面积 1 000 余亩，果实受害率 30%～90%。

顺平县主要受灾区域涉及南台鱼村、腰山镇。桃受灾面积 1 万余亩，果实受害率 70%；葡萄受灾面积 6 000 余亩，个别区域果实受害率达到 100%。望蕊鲜桃合作社 2 000 余亩桃受灾严重，受灾率基本为 100%。

从对受灾严重区域的调查情况看，个别区域果实受害率达到 100%，树体也严重受损（彩图 2 - 24、彩图 2 - 25）。

在雹灾发生前，根据气象预警，满城段旺、顺平南台鱼村均采取了高炮防雹措施，但由于此次冰雹强度大、持续时间长，未能达到预期防雹效果。

二、灾后补救措施

1. 清残　将冰雹造成的残枝、残叶、残果清除到园外深埋，减少病害的发生。冰雹造成的大的伤口涂抹愈合剂，促使伤口愈合，恢复树势。

2. 喷药　对所有遭遇雹灾的果树，应全面喷 2～3 次杀菌剂，每隔 10～15 天 1 次，预防病菌侵染。

3. 喷肥　果树遭雹灾后，树势衰弱，抗病性减弱，为尽快恢复树势，每间隔

7～10 天喷叶面肥 1 次，连喷 3～4 次。

4. 追肥　大树每棵追施 45％氮磷钾复合肥 1.5 千克、小树 0.5 千克，以促使树体健壮生长，为 2021 年开花结果打好基础。

5. 中耕　松土可以增温通气，促进根系发育。

苹果化肥减施势在必行

河北农业大学　王树桐　张凤巧

2020 年 5 月下旬以来，我们几次接到邯郸市曲周县农资经销商李爱民的咨询电话，称当地出现了一种新的"病害"，叶片从叶缘开始向内枯死，最终导致整个枝条叶片枯死，甚至整树枯死，而且病害似乎有扩散蔓延趋势。

2020 年 7 月 16 日，我们一行到曲周发生"病害"症状的 5 个果园进行了现场调查。现场调查发现，有些果树大部分叶片已经出现叶缘焦枯的症状（彩图 2-26～彩图 2-28），重病果树已经出现二次发芽（图 2-16），部分果树已经枯死（图 2-17），也有一些发病较轻的果树，只有个别枝条出现症状。这一症状表现我们过去也没有见到过，因此对发病历史进行了询问和调查。据果农描述，症状从 4 月就开始陆续出现，但出现时间不一致，各果园发病程度也各不相同。我们询问果农是否对发病果树根部进行了考察，果农说挖开过，没有发现异常。

图 2-16　果树枝条出现二次发芽

图 2-17　死树现象

我们在其中一个果园调查时，果农说他的果园一共 2 亩，2019 年秋季施用了复合肥 750 千克。这一描述引起了我们的警觉，我们怀疑，当地果农施肥普遍过量。后经询问，大多数果农虽然施肥量较这个果农少一些，但普遍在 200 千克/亩以上。于是我们选择了一个单个枝条表现症状的果树，挖掘了与病枝对应的树根，发现根系变黑褐色，须根明显减少（彩图 2-29），而健康果树根系则正常（彩图 2-30）。对不同果园发病果树再次进行挖掘比对，发现发病果树根系普遍坏死，须根很少。基于这一情况，我们初步判断该地出现枝条叶片枯死的现象主要是过量使用化肥出现肥害所致。

出于对产量和果个的追求，过量使用化肥是一些产区果农公开的秘密，而且近年来陷入化肥越施越多的恶性循环，最终由于施肥过量出现肥害。归其原因，多数果农对于果树应该施什么样的肥、施多少量的肥都有没有科学的判断，主要依靠一些农资经销企业的推荐。

国家重点研发计划"化学肥料和农药减施增效综合技术研发"试点专项"苹果化肥农药减施增效集成研究与示范"项目集成和示范项目组综合 4 年来的科研成果，出版了《苹果化肥农药减量增效绿色生产技术》一书，该书对项目的最新成果进行了总结，非常适合各地果园参考使用。因此我们将该书推荐给了当地果农参考使用。也希望借助该书的普及推广，能够使苹果化肥农药减施增效最新技术在广大果农中得到应用，帮助果农掌握化学肥料和农药施用技术，提高化肥农药利用率，减少无效投入，真正实现化肥农药减施增效，增加农民纯收入。我们也呼吁广大果农朋友，化肥增施并不必然增产，化肥用量过大肯定会导致果实品质下降，甚至出现肥害，得不偿失，应该学习最新的施肥技术，实现减施增效，提升果品品质。

对云南省昆明市团结乡两个果园病虫害调查初报

河北农业大学　王树桐　张凤巧

青岛星牌作物科学有限公司　潘成国　李国安

普罗蒂欧（北京）生物科技有限公司　赵云和

2020 年 7 月，我们接到昆明市西山区团结街道果农的报告，称该地部分果园病害发生严重，尤其是一种"根腐病"，导致了果树死亡，损失很大。2020 年 8 月 3 日，我们对该地的两个果园进行了现场调查，发现两个果园均发生了死树现象，而且死树现象呈蔓延趋势，出现了连片死亡的现象，对果园生产构成了严重威胁。

我们发现轻病树地上部叶色有些发暗,对病树进行了挖掘,发现根系还没有表现症状,发病部位主要在根颈部,在根颈部可见大量白色菌丝层。将受到菌丝侵染的树皮剥下后可以闻到蘑菇气味,但并未观察到菌核(彩图 2-31～彩图 2-36、图 2-18)。

图 2-18　我们对病树根系发病情况进行调查

根据这些线索,我们初步判断这是根朽病,具体病原正在进行分离鉴定,后续会跟进报告。针对根朽病,我们提出如下防治措施:

1. 刮治病斑　挖开病树表层土壤,露出根颈部发病部位,用刮刀将病变表皮轻刮去除变色组织,然后涂抹甲硫·萘乙酸或甲基硫菌灵糊剂等伤口涂抹剂,保护伤口,促进愈合。

2. 药剂治疗　用 40% 氟硅唑乳油 4 000 倍液冲刷发病根颈部及相连的主根和侧根。建议对全园果树无论发病与否,都冲刷一遍。

3. 土壤消毒　挖开的病穴在阳光下晾晒,将病穴中挖出的土壤及周边土壤用石灰氮消毒,用量为 50～70 千克/亩。因当地土壤偏酸性,如果有草木灰建议与病穴挖出来的土壤混合以改善土壤 pH。

4. 生物防治　将经过消毒的土壤与复合微生物菌肥混匀后回填病穴,菌肥用量为每株果树 2～3 千克,回填后立即浇水,浇水时加入"根宝贝"等液体菌肥效果更好。

5. 桥接复壮　在轻病树周围种 3～5 棵小树,待小树长到直径约 1 厘米、株高 50 厘米以上时,用小树对病树进行桥接,以恢复树势。

6. 刨除死树后种植柿　已经严重发病无法挽救的果树,要及时刨除,刨除后可以在病穴改种柿(彩图 2-37)。通过对一个果园的观察发现,改种柿后未再发生根朽病，且柿周边的苹果生长也较为健壮。这种情况出现的具体原因还不清楚，但可以先尝试一下。因为如果果后茬再种植苹果，在幼树期就容易发生根朽病，造成死树。

我们对果园其他病虫害也进行了调查，发现该地果园中的病害还有干腐病、腐烂病、斑点落叶病和炭疽叶枯病等；主要虫害有蓟马和绿盲蝽，两种害虫春季发生较为严重，已对果面产生了一定危害。对于斑点落叶病，建议在喷药时加入异菌脲或多抗霉素进行控制。对于炭疽叶枯病，建议用含有吡唑醚菌酯的药剂如吡唑醚菌酯悬浮剂、二氰·吡唑酯等。绿盲蝽已经过了高发季节，建议在翌春进行药剂防治，也可以使用性诱剂诱杀。对于蓟马的防治，果园张挂了一些黄板，但黄板对于蓟马诱杀效果不佳，建议使用蓝板诱杀蓟马；对蓟马的化学防治可以喷施吡虫啉、啶虫脒、乙基多杀菌素悬浮剂等药剂进行防治。

2020 年 9 月河北保定苹果产区
主要病虫害发生情况调研

病虫害防控研究室　曹克强　王树桐　刘霈霈
栽培与土肥研究室　邵建柱

2020 年 9 月 12 日，国家苹果产业技术体系岗位科学家曹克强教授带领杭州睿坤科技有限公司的翟华彩经理到保定曲阳和顺平两县的苹果园进行病虫害发生情况调研。睿坤科技有限公司开发了"慧植农当家"应用软件，用于各种植物病虫害识别和帮助果农提供病虫害防控建议，调研过程中对该软件在苹果病虫害方面的识别进行了检验。岗位科学家邵建柱教授和王树桐教授也于近期到两地果园进行了调研和病害防控试验。

在曲阳刘家马果园，2020 年苹果的长势总体优于 2019 年，富士苹果仍处于套袋状态，随机解袋观察，未发现皱裂，个别果实有黑点病，但频率很低。然而，未套袋的几亩斗南苹果，果实病害发生比往年严重，主要原因是 2020 年 7—8 月降水量较多，果实炭疽病发生率达 60% 以上，很多果实脱落到地上，烂果中也有少量轮纹病（彩图 2-38、彩图 2-39）。鉴于目前这种状态，建议园主要清洁果园，将烂果包括树上的病果清理干净，虽然树上还有部分健康果实，但是带菌率会很高，在后期生长和储存过程中还会出现腐烂果，要尽可能早些采摘和销售，不建议使用杀菌剂。为了防止类似情况出现，2021 年要加强早期防控，尤其是雨前用药很关键。如果不能做到及时有效地进行药剂保护，果实套袋还是不得不采取的必要措施。在该果园还见到苹果绵蚜，其中有几棵树苹果绵蚜发生非常严重，几乎每个枝条都覆盖有一层白色丝状物，下面是暗黑色的蚜虫（彩图2-40）。鉴于绝大多数果树苹果绵蚜数量少，建议采取剪枝的办法去除虫枝，以减少虫量（彩图2-41）。对于发生比较严重的果树要做好标记，2021年春季用噻虫嗪灌根，这样能有效消除苹果绵蚜的危害。由于已接近果实成熟阶段，不建议再对苹果绵蚜采取化学防控措施。其他病虫害包括锈病、煤污病、锈果病、果锈病和梨小食心虫等有少量发生，但未构成威胁（彩图2-42～彩图2-45）。

曲阳王坡子果园总体情况也好于2019年，该园总面积约300亩，虽然春季也遭受了冻害，夏季遇到冰雹，但受害程度较轻。品种试验园的鲁丽表现出非常好的抗炭疽叶枯病的特性，瑞阳表现良好，瑞雪的一些植株出现锈果病，表现出果面凹凸不平，但是也发现同一品种套袋的果树症状表现明显要轻，其原因尚不清楚。2020年在该果园低洼处的几亩嘎拉品种上还做了药剂防控试验，结果并不理想，连续3次喷施吡唑醚菌酯也未能控制住炭疽叶枯病，怀疑是由于弥雾机喷药所用的药液量不足（60千克/亩，只有常规果园用药量的1/3）。调研中发现坡上的几亩果园，品种同为嘎拉，但是叶片很少有炭疽叶枯病，分析认为主要与该地地势较高、通风透光良好有关，2021年还要对这一情况做进一步观察（彩图2-46～彩图2-52）。

顺平大悲第一驿站果园（400余亩）除靠南部低洼区春季发生冻害，结果量有所下降外，整体未见有明显的病虫害，包括嘎拉在内，没有发生炭疽叶枯病。南神南村的果园为小农户模式，只有个别的树有落叶现象，总体表现良好。建议果农们做好秋季施肥工作，增强树势，为来年的丰产丰收奠定一个良好的基础。

体系岗位科学家在昌黎综合试验站调研指导

昌黎综合试验站　付　友　张新生

2020年9月8日，国家苹果产业技术体系病虫草害防控研究室主任、岗位科学家曹克强教授，矮化栽培岗位科学家邵建柱教授在昌黎综合试验站站长付友研究员陪同下，对综合试验站施各庄基地和孔庄基地开展了现场考察调研。

在综合试验站施各庄基地，对6年生苹果矮化密植园的树体生长结果情况、果园生草效果、生草和清耕对比试验的植被变化以及部分品种的炭疽叶枯病、褐斑病、果实炭疽病发生情况进行了调研，对不套袋果园果实病害防控进行了指导。

在孔庄基地，两位岗位科学家对12年生矮化密植果园行内起垄覆盖地布及行间生草的长期效果，应用菌清（涂干剂）防治苹果粗皮病情况，高接维纳斯黄金苹果丰产性、果锈发生情况等进行了调研。

　　曹克强教授还对昌黎综合试验站开展的苹果杂交后代抗腐烂病筛选试验进行了指导。针对苹果杂交后代接种腐烂病病菌后发病率低的情况，提出了将接种腐烂病病菌时间由生长季节改为11月底至12月上旬的建议。

第三章　研发动态

黑腐皮壳菌（*Valsa mali*）在海棠和苹果种子中的潜伏侵染揭示了苹果树腐烂病初侵染源的多样性

河北农业大学植物保护学院　孟祥龙　王树桐　曹克强

苹果树腐烂病是影响我国苹果产业发展最重要的病害，该病害由黑腐皮壳菌（*Valsa mali*）引起，无性态为 *Cytospora sacculus*。由于该病的病原菌通常可以深入到寄主植物的韧皮部和木质部，因此，通常的化学药剂处理难以起到有效的防控效果。病菌以分生孢子的形态通过疤痕、霜冻伤和修剪伤口等侵染果树，造成果树枝干、枝条等部位损伤，出现扭曲、肿胀、凹陷以及树皮破裂，上面覆盖着的脓疱，发病后期会出现螺旋状橙色卷须的分生孢子角，部分树皮呈现湿腐状并具有酒糟味（彩图 3-1、彩图 3-2）。

苹果树腐烂病病菌除了可以产生典型的症状外，还具有潜伏侵染的特点，这可能是某些新建果园发生苹果树腐烂病的重要原因。病原菌在潜伏期通常不表现出明显的症状，并持续较长的时间，感染了苹果树腐烂病病菌的砧木和用于嫁接的苹果枝条虽然并没有表现出典型的症状，但是仍然可能成为新建果园的初侵染源。因此，快速、灵敏的检测技术对于鉴定和检测苹果树腐烂病病菌含量对于防控病害的发生具有重要意义。

河北农业大学的苹果病虫害防控团队于 2019 年研发了一种基于实时荧光定量 PCR（qPCR）的苹果树腐烂病病菌快速检测体系，该检测方法可以在短时间内对果树的种子、幼苗、枝条和树皮等果树组织进行快速的定量检测。通常情况下，潜伏侵染的苹果树腐烂病病菌的含量相对较低，使用传统的方法非常容易被环境中的复杂的微生物群落所干扰，而 qPCR 的方法可以克服这一问题。该方法以苹果树腐烂病病菌的翻译延长因子 α（EF1α）的保守基因作为靶标（图 3-1），设计的种-特异性引物可以排他性地扩增苹果树腐烂病病菌的 DNA 序列。在特异性检测中，该引物特异性地扩增出了所有的 16 个 *V. mali* 菌株，而所有其他的对照菌株，包括环境中和果树中常见的腐生菌的结果均呈阴性。在灵敏性检测中，该检测方法的最低检测阈值为 2 个基因组 DNA。

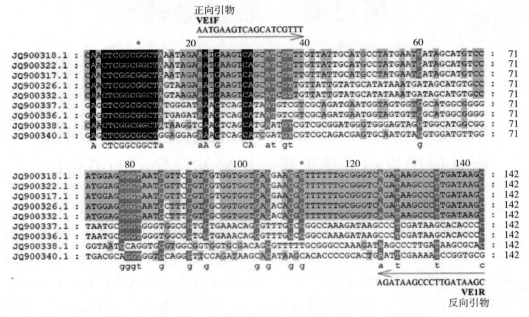

图 3-1　基于 EF1α 的苹果树腐烂病菌的序列比对和引物设计

为了明确苹果的砧木是否具有携带 *V. mali* 的潜在风险，使用新建立的检测体系对苹果砧木（八棱海棠）的种子和幼苗进行了定量检测。结果发现，海棠种子带菌属于普遍现象，在全国不同地区的海棠种子样品中都发现了不同比例的带菌种子（表 3-1）。在带菌的种子中，外种皮和内种皮是海棠种子的主要带菌位点，并且外种皮的带菌量普遍大于内种皮，说明病原菌是从种子外部侵染到内部的。

表 3-1　不同地区海棠种子的带菌量和带菌率

采集地	种子样品数/粒	LogC	带菌率/%
张家口	117	2.15±0.55	12.87
沭阳	67	2.49±0.66	44.55
丽江	86	2.19±0.66	22.19
保定	55	2.14±0.61	49.01

注：LogC 表示带菌量的对数值。

虽然海棠种子带菌量较低，但是随着种子的萌发以及幼苗的生长，幼苗中病原菌的带菌量也随之增加，8 叶期和 16 叶期的幼苗中病原菌的含量是 2 叶期的 100 倍以上（图 3-2），表明被侵染的海棠种子和海棠幼苗可能是新建果园中苹果树腐烂病的重要的初侵染源。

此外，对不同地区嫁接圃中的苹果枝条进行 qPCR 检测，结果发现，大部分

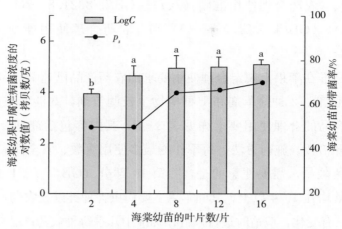

图 3-2　不同叶龄海棠幼苗的带菌量以及带菌率

被检测的枝条都被 *V. mali* 所侵染，在韧皮部和木质部中都有病原菌的出现，并且带菌量相对较高，表明被苹果树腐烂病病菌潜伏侵染的苹果嫁接枝条也可能是新建果园中的初侵染源。

为了明确 *V. mali* 能否从枝条转移到种子中，对健康的果树和发病的果树上的苹果果实进行取样并检测了苹果果实中种子的带菌量。结果发现，10％的发病果树的种子表现出 *V. mali* 阳性，而健康果树中未检测到 *V. mali*，表明苹果树腐烂病菌可以从被侵染的枝条转移到种子中，而被感染的种子可能成为来年的初侵染源。

我国《农药合理使用准则》对苹果的要求

加工研究室　聂继云

所谓合理使用农药，就是在有效防治病虫草害的同时，确保农产品中农药残留量不超过限量标准的规定，以保护环境，保障农药使用人员的人体健康。为了指导农药使用者合理、安全使用农药，我国从 1987 年开始制定和发布实施《农药合理使用准则》国家标准，1993 年及以前制定的各部分都是强制性的，1997年及以后制修订的各部分均为推荐性的。标准现有 10 个部分，早期制定的 5 个部分均已进行了修订，10 个部分分别为《农药合理使用准则（一）》（GB/T 8321.1—2000）、《农药合理使用准则（二）》（GB/T 8321.2—2000）、《农药合理使用准则（三）》（GB/T 8321.3—2000）、《农药合理使用准则（四）》（GB/T 8321.4—2006）、《农药合理使用准则（五）》（GB/T 8321.5—2006）、《农药合理使用准则（六）》（GB/T 8321.6—2000）、《农药合理使用准则（七）》（GB/T

8321.7—2002)、《农药合理使用准则（八）》（GB/T 8321.8—2007）、《农药合理使用准则（九）》（GB/T 8321.9—2009）和《农药合理使用准则（十）》（GB/T 8321.10—2018）。

目前，该标准在苹果上规定合理使用要求的农药产品已达 70 种，包括 36 种杀虫剂、31 种杀菌剂、2 种除草剂和 1 种植物生长调节剂，共涉及农药有效成分 60 种。每种农药产品的合理使用要求详见表 3-2，其内容包括剂型及含量、防治对象、用量或稀释倍数、施药方法、每季作物最多使用次数、安全间隔期、实施要点说明和最大残留限量。需要注意的是，除第 10 部分（GB/T 8321.10—2018）外，其余部分的标龄均在 10 年以上，其间苹果主要病虫害种类以及农药产品的剂型、有效成分等或许已有变化，应适时进行修订；标准中几乎每种农药产品均给出了最大残留限量信息，但笔者认为这只是参考，苹果中相关农药的最大残留限量应以《食品安全国家标准　食品中农药最大残留限量》（GB 2763）的现行有效版本为准。

表 3-2　GB/T 8321 关于苹果农药合理使用的规定[①]

农药名称	剂型及含量	防治对象	用量[②]	次数[③]	间隔[④]/天	限量[⑤]/（毫克/千克）
阿维菌素＋哒螨灵	10%乳油（0.2%＋9.8%）	红蜘蛛	2 000～4 000	2	14	阿维菌素 0.02，哒螨灵 2
阿维菌素＋丁醚脲	15.6%乳油（0.6%＋15%）	红蜘蛛	2 000～3 000	2	14	阿维菌素 0.02，丁醚脲 0.5
吡虫啉	10%可湿性粉剂	黄蚜	2 000～4 000	2	14	0.5
	20%可溶性液剂		2 500～5 000			
	70%水分散粒剂		14 000～25 000	1	14	
吡螨胺	10%可湿性粉剂	红蜘蛛	2 000～4 000	3	30	1
丙硫克百威	20%乳油	蚜虫	1 500～3 000	2	50	0.05
虫螨腈	24%悬浮剂	金纹细蛾	3 333～4 000	2	14	—
除虫脲	25%可湿性粉剂	尺蠖、桃小食心虫等	1 000～2 000	3	21	1
哒螨灵	15%乳油	红蜘蛛	2 240～3 000	2	14	2
	20%可湿性粉剂	红蜘蛛	3 000～4 000			
啶虫脒	3%乳油	蚜虫	2 500～3 000	1	14	0.8
	3%微乳剂	蚜虫	1 500～2 000	1	14	0.8
氟虫脲	5%乳油	红蜘蛛	667～1 000	2	30	0.2
高效氯氰菊酯	4.5%微乳剂	桃小食心虫	1 000～1 500	2	14	2
甲氰菊酯[⑥]	20%乳油	桃小食心虫、红蜘蛛等	2 000～3 000	3	30	5
甲氰菊酯＋马拉硫磷	40%乳油（5%＋35%）	桃小食心虫	1 000～2 000	3	14	甲氰菊酯 5，马拉硫磷 2

农药名称	剂型及含量	防治对象	用量[2]	次数[3]	间隔[1]/天	限量[5]/（毫克/千克）
甲氧虫酰肼	24%悬浮剂	小卷叶蛾	3 000～5 000	1	50	3
联苯菊酯	10%乳油	桃小食心虫、叶螨等	3 000～5 000	3	10	1
氯氟氰菊酯	2.5%乳油	桃小食心虫	4 000～5 000	2	21	0.2
氯氰菊酯	25%乳油	桃小食心虫等	4 000～5 000	3	21	2
炔螨特	73%乳油	螨类	2 000～3 000	3	30	5
	20%水乳剂	二斑叶螨	1 000～1 500	3	14	5
三氯杀螨砜	10%乳油	红蜘蛛	500～800	1	14	2
噻螨酮	5%乳油	红蜘蛛	1 500～2 000	2	30	0.5
三唑锡	25%可湿性粉剂	红蜘蛛等	1 000～1 330	3	14	2
双甲脒	20%乳油	红蜘蛛	1 000～1 500	3	20	0.5
顺式氰戊菊酯	5%乳油	桃小食心虫等	2 000～3 125	3	14	2
四螨嗪	50%悬浮剂	红蜘蛛	5 000～6 000	3	30	0.5
四螨嗪＋哒螨灵	10%悬浮剂（3.5%＋6.5%）	红蜘蛛	1 000～2 000	1	14	四螨嗪0.5，哒螨灵2
溴螨酯	50%乳油	螨类	1 000～2 000	2	21	5
溴氰菊酯	2.5%乳油	桃小食心虫等	1 250～2 500	3	5	0.1
唑螨酯	5%悬浮剂	红蜘蛛	2 000～3 000	2	15	1
		锈壁虱	1 000～2 000			
丙森锌	70%可湿性粉剂	斑点落叶病	600～700	3	14	5
代森铵[7]	45%水剂	腐烂病、枝干轮纹病	100～200	1	—	5
代森联	70%干悬浮剂	斑点落叶病、轮纹病、炭疽病	300	3	28	5
代森联＋吡唑醚菌酯	60%水分散粒剂（55%＋5%）	斑点落叶病、轮纹病、炭疽病	1 000～2 000	3	14	代森联5，吡唑醚菌酯0.5
代森锰锌	80%可湿性粉剂	斑点落叶病、轮纹病	800	3	10	二硫化碳3，乙撑硫脲0.05
	75%干悬浮剂	轮纹病	600～1 000	3	14	5
丁香菌酯[8]	20%悬浮剂	腐烂病	133.3～200	1	—	—
啶酰菌胺＋醚菌酯	30%悬浮剂（20%＋10%）	白粉病	2 000～4 000	3	14	啶酰菌胺2，醚菌酯0.2
多抗霉素[9]	3%水剂	斑点落叶病	400	3	7	—
	10%可湿性粉剂	轮斑病、斑点落叶病	1 000～1 500	3	7	—
噁唑菌酮＋代森锰锌	68.75%水分散粒剂（6.25%＋62.5%）	斑点落叶病、轮纹病	1 000～1 500	3	7	噁唑菌酮2
噁唑菌酮＋氟硅唑	20.67%乳油（10.67%＋10%）	轮纹病	2 000～3 000	2	21	噁唑菌酮0.2，氟硅唑0.2

农药名称	剂型及含量	防治对象	用量②	次数③	间隔①/天	限量⑤/（毫克/千克）
福美双	72%可湿性粉剂	炭疽病	400~600	3	14	5
甲基硫菌灵＋福美双＋硫黄	45%悬浮剂（16%＋9%＋20%）	轮纹病	600~700	3	21	甲基硫菌灵3，福美双5
克菌丹	80%可湿性粉剂	轮纹病	600~800	6	15	15
	50%可湿性粉剂	轮纹病	400~800	3	14	15
喹啉铜	50%可湿性粉剂	轮纹病	3 000~4 000	3	14	2
氯苯嘧啶醇	6%可湿性粉剂	黑星病、炭疽病、白粉病	1 000~1 500	3	14	0.1
醚菌酯	50%水分散粒剂	黑星病	3 000	3	14	0.2
咪鲜胺	25%乳油	炭疽病	750~1 000	3	14	2
双胍辛胺乙酸盐	40%可湿性粉剂	斑点落叶病	800~1 000	3	21	1
戊唑醇	25%乳油	斑点落叶病	3 000	3	21	2
	43%悬浮剂	斑点落叶病	5 000~7 000	3	21	2
烯肟菌酯＋氟环唑	18%悬浮剂（12%＋6%）	斑点落叶病	450~900	3	21	氟环唑0.5
烯唑醇	12.5%可湿性粉剂	斑点落叶病	1 000~2 500	3	30	0.2
辛菌胺醋酸盐	1.8%水剂	腐烂病	9~18	3	14	—
溴菌腈	25%可湿性粉剂	炭疽病	500~600	3	14	0.2
亚胺唑	5%可湿性粉剂	斑点落叶病	600~700	3	14	1
异菌脲	50%可湿性粉剂	轮斑病、褐斑病等	1 000~1 500	3	7	10
	50%悬浮剂	斑点落叶病	1 000~2 000	3	14	5
	10%乳油	斑点落叶病	500~600	3	14	5
萘乙酸	20%粉剂	调节生长	8 000~10 000	2	30	0.1

注：①除特殊说明的外，施药方法都是喷雾。②稀释倍数。③每季作物最多使用次数。④最后一次施药距收获的天数（安全间隔期），单位为天。⑤最大残留限量（MRL）参考值，单位为毫克/千克。⑥防治红蜘蛛用低浓度。⑦枝干涂抹。⑧早春苹果开花前枝干涂抹。⑨不能与碱性农药混用。

我国苹果农药残留限量执行新标准

加工研究室　聂继云

我国农药残留限量的制定始于 20 世纪 70 年代，GBn 53—1977 是我国制定的第一项农药残留限量标准。1982 年 6 月 1 日，《粮食、蔬菜等食品中六六六、滴滴涕残留量标准》（GB 2763—1981）正式实施，代替 GBn 53—1977。此后我国加强了农药残留限量标准的制修订工作，至 2018 年，我国现行有效的农药残留限量标准仅余 2 项，《食品安全国家标准　食品中农药最大残留限量》（GB 2763—2016）

和《食品安全国家标准　食品中百草枯等 43 种农药最大残留限量》（GB 2763.1—2018），GB 2763.1—2018 是对 GB 2763—2016 的增补。2019 年 8 月 15 日国家卫生健康委员会、农业农村部和国家市场监督管理总局联合发布了《食品安全国家标准　食品中农药最大残留限量》（GB 2763—2019），该标准于 2020 年 2 月 18 日实施，代替 GB 2763—2016 和 GB 2763.1—2018。

一、新标准的主要技术变化

与 GB 2763—2016 和 GB 2763.1—2018 相比，GB 2763—2019 主要有以下 10 个方面的技术变化：①对原标准中 2,4 -滴异辛酯等 6 种农药残留物定义，阿维菌素等 21 种农药每日允许摄入量等信息进行了修订；②增加了 2,4 -滴二甲胺盐等 51 种农药，氟吡禾灵的最大残留限量合并到了氟吡甲禾灵和高效氟吡甲禾灵；③修订了代森联等 5 种农药的中、英文通用名；④增加了 2 967 项农药最大残留限量；⑤修订了 28 项农药最大残留限量值；⑥将草铵膦等 12 种农药的部分限量值由临时限量修改为正式限量；⑦将二氰蒽醌等 17 种农药的部分限量值由正式限量修改为临时限量；⑧增加了 45 项检测方法标准，删除了 17 项检测方法标准，变更了 9 项检测方法标准；⑨修订了规范性附录 A，增加了羽扇豆等 22 种食品名称，修订了 7 种食品名称，修订了 2 种食品分类；⑩修订了规范性附录 B，增加了 11 种农药。

二、新标准制定的苹果农残限量

GB 2763—2019 共制定了 192 项苹果农药最大残留限量（maximum residue limit，MRL），其中，121 项限量是专门针对苹果制定的，其余 71 项限量是针对仁果类水果制定的；183 项限量为通常意义的残留限量，艾氏剂、滴滴涕、狄氏剂、毒杀芬、六六六、氯丹、灭蚁灵、七氯、异狄氏剂等 9 项限量为再残留限量（extraneous maximum residue limit，EMRL）；153 项限量为正式限量，其余 39 项限量为临时限量。从农药种类来看，杀虫剂限量最多，有 90 项（占 46.88%），涉及 95 种农药；第二是杀菌剂限量，有 65 项（占 33.85%），涉及 67 种农药；第三是杀螨剂限量，有 15 项（占 7.81%）；第四是除草剂限量，14 项（占 7.29%），涉及 16 种农药；植物生长调节剂限量 4 项（涉及 5 种农药）、杀虫/杀螨剂限量 3 项、杀线虫剂限量 1 项。标准限量详细信息可参阅聂继云主编的《世界苹果农药残留限量研究》。192 项限量中，33 项限量（均为临时限量）未提供检测方法，14 项限量提供了参考检测方法，其余 145 项限量均提供了检测方法。所提供的检测方法均为检测方法标准，共计 67 项 329 次，其中，国家标准 38 项 241 次，农业行业标准 11 项 61 次，出入境检验检疫行业标准 17 项 26 次，烟草行业标准 1 项 1 次；

GB 23200.113、GB/T 20769、GB 23200.8、NY/T 761 等 4 项方法标准应用最广，分别达到 71 次、59 次、59 次和 43 次，合计占总频次的 70.5%。上述尚未提供检测方法的 33 项限量涉及农药 34 种，包括百草枯、苯嘧磺草胺、吡噻菌胺、敌螨普、丁醚脲、丁香菌酯、多果定、多抗霉素、多杀霉素、二氰蒽醌、氟苯虫酰胺、氟吡甲禾灵和高效氟吡甲禾灵、氟吡菌酰胺、氟啶虫胺腈、氟唑菌酰胺、喹啉铜、硫丹、氯虫苯甲酰胺、螺虫乙酯、宁南霉素、嗪氨灵、噻霉酮、三乙膦酸铝、杀虫单、杀虫双、双胍三辛烷基苯磺酸盐、特丁硫磷、辛菌胺、溴菌腈、溴氰虫酰胺、亚胺唑、乙基多杀菌素、乙蒜素。检测方法的缺乏不利苹果中这些农药的残留监测，需引起重视，尽快补充完善。

三、新旧标准苹果农残限量比对

2019 年，新增限量 29 项，包括 20 项正式限量和 9 项临时限量，较此前增加了17.8%。其中，杀虫剂限量新增 10 项，包括氟苯虫酰胺、氟啶虫胺腈、甲氨基阿维菌素苯甲酸盐、灭幼脲、噻虫胺、噻虫嗪、噻嗪酮、虱螨脲、溴氰虫酰胺、茚虫威；杀菌剂限量新增 10 项，包括吡噻菌胺、粉唑醇、氟吡菌酰胺、氟啶胺、氟唑菌酰胺、井冈霉素、咯菌腈、嘧菌环胺、噻霉酮、乙嘧酚；除草剂限量新增 6 项，包括苯嘧磺草胺、草铵膦、噻草酮、西玛津、乙氧氟草醚、莠去津；杀螨剂限量新增 2 项，包括丁氟螨酯、乙螨唑；植物生长调节剂限量新增 1 项，为噻苯隆。杀虫剂虫酰肼、除虫脲和螺虫乙酯的限量分别由 1 毫克/千克、2 毫克/千克和 0.7 毫克/千克修订为了 3 毫克/千克、5 毫克/千克和 1 毫克/千克。除草剂氟吡禾灵的限量合并到了"氟吡甲禾灵和高效氟吡甲禾灵"。嗪氨灵和特丁硫磷均由正式限量修订为了临时限量。阿维菌素残留物定义由"阿维菌素 B_{1a} 和 B_{1b} 之和"改为了"阿维菌素 B_{1a}"。氟虫腈残留物定义由"氟虫腈、氟甲腈、MB46136、MB45950 之和，以氟虫腈表示"改为了"氟虫腈、氟甲腈、氟虫腈砜、氟虫腈硫醚之和，以氟虫腈表示"。

要密切关注苹果黑星病对云南苹果产业的影响

云南农业大学　孔宝华
云南昭通市苹果产业发展中心　鲁兴凯　李云国
云南曲靖马龙区经济作物技术推广站　张彦明
国家苹果产业技术体系昭通综合试验站　马　钧
病虫害防控研究室　曹克强

苹果黑星病［病原菌 *Venturia inaequalis*（Cooke）Wint.］，又称疮痂病

（apple scab），是世界各国苹果产区的重要病害之一，1819 年首次发现于瑞典，1833 年传入德国，以后陆续传入美国（1834 年）、英国（1845 年）、澳大利亚（1862 年）与朝鲜（1970 年）等地。我国的苹果黑星病最早始见于河北（朱凤美，1927 年），以后王鸣岐（1950 年）、王清（1954 年）和张朝文（1960 年）等分别在河南、山东、新疆发现，1957 年被国家列为内部检疫对象，当时的疫区包括吉林、黑龙江、山东、河南、河北、江苏、云南、新疆等省区。由于当时病害仅在局部地区发生，尚未造成重大损失，1966 年后该病不列入检疫对象，部分省区将其列为补充检疫对象。随着时间推移，在 20 世纪 70—80 年代的陕西、辽宁、吉林、黑龙江、新疆与四川等十多个省区相继报道了有关该病大面积发生并造成危害的报道，发生严重时，果园病果率达到 50%～80%，有些果园甚至绝收。

苹果黑星病菌主要侵染苹果叶片和果实，也可侵染叶柄、花、萼片、花梗、幼嫩枝条和芽鳞等，严重时造成落叶、落果，受害果实出现黑斑，开裂畸形，直接影响苹果的产量、品质及商品价值。苹果黑星病症状呈现多样性，这与病菌侵染部位、侵染时期以及环境条件、寄主抗病性等关系密切。

云南有苹果黑星病发生的记录是在全国农业技术推广服务中心 2001 年《植物检疫性有害生物图鉴》与商鸿生 2006 年在《苹果黑星病检疫》两篇文章里有报道。自 2009 年开始，在国家苹果产业技术体系的支持下，昭通综合试验站在全省建立了覆盖主要苹果产区的苹果病虫害监测网。2019 年在云南滇东北昭通苹果主产区、滇中马龙产区首次监测到有零星苹果黑星病发生。2020 年，监测发现病害的分布有所增加，危害面积在不断扩大。初步分析可能与近两年全球气候变暖，冬春持续干旱高温、夏秋连续阴雨湿冷有关，但其未来发生发展及流行值得深入研究，尤其是随着云南苹果品种结构调整及苹果适宜区面积的不断扩大，此病对云南苹果产业的危害及影响应引起高度重视。在 2020 年 11 月 27 日举办的全国苹果病虫害防控协作组会议上，黑星病已被列为重点研究内容。将来要密切关注该病的发生发展，探索其流行规律，加强预测预报，筛选有效药剂，通过技术培训将防控技术普及到各地市苹果产区，力争将其危害控制在经济允许范围以内（彩图 3-3）。

第四章　2020年全国苹果主产区天气条件分析

2020年全国26个综合试验站的有效积温和降水情况分析

病虫害防控研究室　曹克强　刘霈霈

根据中国天气网（http：//weather.com.cn），我们对2020年全国26个综合试验站所在市县的气象资料进行了逐日的查询和记录，并对有效积温和降水情况进行了计算和记载。

图4-1分别列出全国26个综合试验站所在地2020年的10℃以上的累积有效积温。研究表明，有效积温与害虫的发生密切相关，是害虫预测预报的重要依据，每种昆虫的出现都需要达到其最低积温。

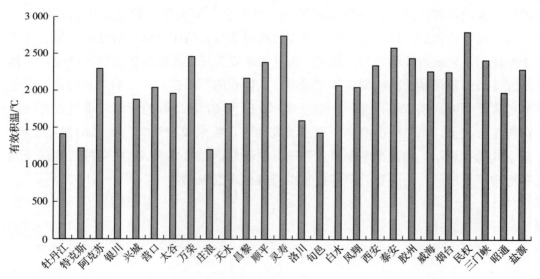

图4-1　2020年全国26个综合试验站所在市县10℃以上的有效积温

日有效积温等于日最高温度与最低温度之和的1/2与基点温度的差值。基点温度是指某种昆虫活动或植物某项生长发育所需的最低温度。为了便于比较，这里统一将基点温度设为10℃。

从图4-1中可以看出，2020年各个试验站的有效积温值多数在1 500～2 500℃，从整体趋势上看无大变化，但从数值上看大多数试验站的有效积温与前一年相比有一定程度的减少，只有三门峡试验站和昭通试验站的有效积温有大幅增加。积温最高的是民权试验站，为2 776.35℃；积温最低的是庄浪试验站，为1 180.8℃。由此可见，不同地点之间的有效积温相差很大，对果品生产的影响也会很大。

有效积温应该与苹果的物候期也有一定关系，现仅以有效积温100℃左右为例，比较一下不同试验站之间此点积温出现的早晚（表4-1）。

表4-1　2020年全国26个综合试验站出现有效积温100℃的日期

试验站名称	日　期	有效积温/℃	试验站名称	日　期	有效积温/℃
昭通	3月22日	100.8	天水	4月26日	98.55
三门峡	4月4日	101.5	太谷	4月28日	103.2
万荣	4月8日	103.8	银川	4月29日	97
西安	4月11日	100.1	昌黎	4月29日	101.3
盐源	4月12日	101.1	威海	4月30日	97.3
民权	4月12日	101.1	烟台	4月30日	102.9
灵寿	4月12日	103.3	洛川	5月1日	102.2
阿克苏	4月12日	104.2	特克斯	5月2日	102.7
泰安	4月15日	102.7	旬邑	5月3日	102.9
顺平	4月16日	97.05	营口	5月7日	100.5
白水	4月20日	99.15	兴城	5月10日	103
凤翔	4月21日	100.1	庄浪	5月13日	99.35
胶州	4月24日	100.7	牡丹江	5月25日	103.7

从表4-1可以看出，昭通试验站出现有效积温100℃的时间最早，其次是三门峡试验站，而牡丹江试验站和庄浪试验站出现的最晚。从实际盛花期的出现时间来看，出现的次序有一定相似度，但是具体日期有较大差异，主要是基点温度的设置没有按照苹果开花的起始温度来计算。积温与物候、积温与各种病虫害始发时期的相关分析有助于病虫害的预测预报和早期防控。

苹果生长需要充足的水分，一般以年降水量500～800毫米为宜，降水不足或过多都会对苹果生长和品质产生不利影响。降水量和降水次数不但影响苹果自身的生长，更对许多病虫害的发生、发展和传播起到决定性的作用。图 4-2 和图 4-3 列出了 2020 年全国 26 个试验站各自的累积降水量和降水日数。

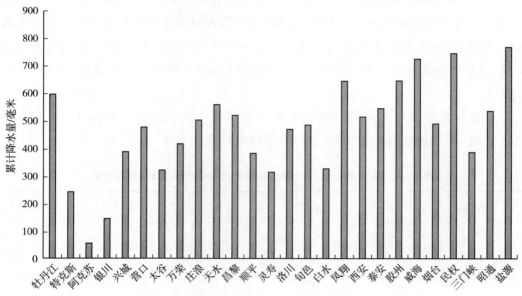

图 4-2　2020 年全国 26 个综合试验站所在市县的累积降水量

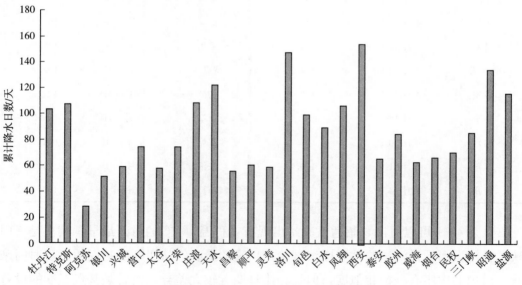

图 4-3　2020 年全国 26 个综合试验站的累积降水日数

　　2020 年各试验站降水量较去年有不同程度的增减，半数以上的试验站降水量未达到 500 毫米。其中阿克苏试验站降水量最少，为 58.1 毫米；年降水量最多的是盐源试验站，为 769.2 毫米。降水集中在 5—10 月，其中 7—8 月相对集中。

2020 年各个试验站的降水日数大多在 60～100 天，降水日数最多的昭通试验站达 122 天，降水日数最少的银川试验站仅 37 天。与去年相比，洛川试验站和西安试验站的降水日数明显减少。

第五章　2020 年重点活动及大事记

国家苹果产业技术体系
2019 年度工作总结会在洛川顺利召开

病虫害防控研究室

2019 年 12 月 24—27 日，国家苹果产业技术体系年度工作总结会在陕西省洛川县洛川宾馆召开（图 5-1）。陕西省农业农村厅党组成员，陕西省果业管理局党组书记，西北农林科技大学副校长和洛川县委常委、县政府常务副县长分别致辞。

图 5-1　参会人员合影留念

首席科学家霍学喜教授汇报了一年来苹果产业技术体系的工作进展和突破。随后，各岗位科学家和试验站站长分别汇报了工作进展并完成了年度考核。26 日下午，病虫害防控研究室岗位科学家和团队成员召开了讨论会，对 2019 年工作进行盘点，并对 2020 年拟开展的重点工作进行了充分讨论。27 日上午，霍学喜教授对 2019 年工作进行了总结，并对 2020 年工作进行了安排部署（图 5-2），会议完成全部议程，顺利结束。

图 5-2 霍学喜教授总结年度工作并部署 2020 年工作

苹果园生产经营现状调研与技术培训

栽培与土肥研究室　秦嗣军　吕德国

2020 年 8 月，栽培与土肥研究室土壤管理岗位科学家吕德国教授，团队成员秦嗣军教授、何佳丽副教授以及研究生等赴辽宁省沈阳地区康平县、新民市、辽中区、苏家屯区及吉林省白山市抚松县等地十余个乡镇的寒富、塞外红及龙丰等苹果园进行生产经营现状实地调研，指导夏秋季果园管理（图 5-3）。

图 5-3　果园实地考察

受近几年苹果销售价格持续走低及新型冠状病毒肺炎疫情影响，调查区域内的大部分果农生产积极性受挫，以家庭式生产 15 亩左右规模较为普遍的果园整体收益均在下降，导致园主不愿再多投入到果园生产中。除了修剪等生产技术外，没有适宜的灌溉设施、肥料及农药等的投入，果园基本为雨养农业，加之有限的地力难以稳定生产出优质的果品，2020 年沈阳地区前期干旱少雨，康平等地许多果园缺水脱肥严重，果实发育不良，这样又直接导致果园整体收益进一步缩减的后果。部分稍微年轻、有能力外出务工的果农已经放弃经营多年的果园，或犹豫是否转回只需播种和采收、管理相对简易的玉米种植与其他农闲时节城市打工的生产生活模式。

也有部分果农逆势而为，在整体苹果园生产效益不甚理想的形势下，以较低的价格接手更多的流转土地或果园，重新规划标准化新建果园，灌溉系统、道路系统及储藏库等基本设施条件齐全，品种以塞外红等小苹果为主。部分处在城市近郊的果园园主采用较高的生产管理技术，通过开放观光采摘、就近城市社区销售等，在寒富苹果田间售价普遍在 $1.6 \sim 2.6$ 元/千克的情形下，仍然保持全园销售折合在 3.0 元/千克以上，在果农中保持了相对较高的果园收益。而远离城区原为本地零售的果园，因当地没有其他产业，年轻人基本到大城市里打工，留下更多的老年人消费能力有限，外运到周边稍大规模县城区销售的运输成本和时间成本等又明显增加，生产经营更加困难。在吉林省抚松县调研时发现，当地现已上市的七月鲜小苹果价格仅在 $2 \sim 3$ 元/千克，除苹果外，当地生产的蓝莓、李子等也一样面临价格较低、销售不畅、果园生产收益持续低下的问题。

通过生产调研，针对当地气候等自然资源、社会发展等实际情况梳理了现有果园的经营问题，团队采取了积极引导的策略，对于不能更多投入、管理跟不上的果园，帮助分析经营的利弊，在有其他增加收益的条件下建议直接放弃果园，期望通过进一步减少低效果园经营面积，减少果品良莠不齐而导致的低价竞争不利局面，增加优果优价生产模式比例。对于仍然有生产积极性，特别是城市近郊地域特色突

图 5-4　专家进行技术培训及实地讲解

出的果园，采取进一步的扶持措施，如结合省市级科技特派团项目设立生产示范园，专家团队长期跟踪指导栽培管理技术，采集土样和叶片样品进行营养诊断为科学施肥提供参考依据，开展地域特色水果品牌创建及销售模式培训等。

调研期间，还开展了夏秋季果园管理技术培训活动（图 5-4），有 200 余位果农参加了培训，并下发了 DDY-D-T9X "大地源" 省力锯和 ARS130-G 修枝剪、菌清和轮纹终结者等新型农药、"根宝贝" 菌剂、《苹果生产关键技术 116 问》等技术图书资料，引导果园管理逐步走向绿色生态科学化、节本提质增效的发展道路。

国家苹果产业技术体系岗位科学家
在天水进行考察调研与技术培训

天水综合试验站　张莲英　周晓康

2020 年 9 月 5—6 日，体系岗位科学家姜远茂教授、曹克强教授、王金政研究员、李保华教授、杨欣教授、王金星教授，葫芦岛综合试验站站长程存刚研究员，平凉综合试验站站长马明研究员及团队成员到天水对当地苹果产业进行考察调研，并举办了技术培训班。

体系科学家一行在天水综合试验站张莲英站长陪同下先后考察了天水综合试验站示范基地、花牛苹果试验园、矮砧试验园和组培炼苗大棚，对天水综合试验站开展的花牛苹果栽培技术示范、果园增施有机肥和组织培养育苗等试验进行了现场指导，并对天水综合试验站的资源保存、新品种引进和承担的各类试验给予了好评，认为天水综合试验站工作抓住了本地区苹果产业主要问题，形成了特色产品，为当地苹果生产起到了积极的促进作用（图 5-5）。

根据 2020 年降水量较多，普遍存在叶部病害较往年加重的特殊现象，专家们针对天水地区苹果叶部病害提出了防控建议。

9 月 5 日天水市农业农村局邀请姜远茂、曹克强两位专家举办了 "天水市果树高效栽培管理技术培训班"，来自天水市两区五县果树技术人员和种植大户 110 人参加了培训。结合天水市苹果产业发展前景和果农关心的果园管理技术问题，岗位科学家姜远茂、曹克强教授分别做了《苹果提质增效关键技术》和《苹果树病虫害防治技术》专题讲座（图 5-5）。

专家组在考察调研期间，还与天水市农业农村局局长逯国文等领导进行了座谈，局领导希望加强与体系科学家联系，开展深入合作，为天水苹果产业提供更多技术支撑。

图 5-5　岗位科学家进行实地考察及培训

国家苹果产业技术体系
病虫害防控研究室岗位科学家赴云南昭通考察

云南农业大学　孔宝华
昭通市苹果产业发展中心　李云国

国家苹果产业技术体系病虫害防控研究室曹克强教授一行于 2020 年 9 月 28—29 日前往云南昭通市考察苹果产业发展现状。考察期间，曹克强教授与孔宝华教授分别在昭通学院为师生做了题为《中国苹果病虫害防控现状与发展趋势》和《云南苹果产业发展与技术贮备》的学术报告（图 5-6）。曹克强教授一行与昭通学院陈红院长，农学与生命科学学院吴银梅书记、杨顺强院长，相关领导及骨干教师进行了座谈与交流。昭通学院于 2012 年由昭通师范专科学校，升为综合性本科院校，目的是为了昭通培养综合性人才，为滇东北高原特色农业产业服务，为此，专门成立了苹果研究院，开设苹果特色班。昭通学院将以打造新农科、新文科与新工科 3 个方向为亮点，为苹果等昭通特色产业发展培养应用型人才。学院组建云南滇东北高原特色研究中心，购置了 2 000 多万元的仪器设备，建设苹果产业教学

图 5 - 6　曹克强教授在云南昭通学院做学术报告

科研平台，努力加大博士、硕士人才引进及苹果产业方向专业技术人才的培养。曹克强教授表示，国家苹果产业技术体系愿意就苹果产业科技项目合作、教学模式改革及苹果病虫害防控技术人才培养方面与昭通学院开展全面合作。

在云南昭通考察期间，曹克强教授一行考察了昭通市苹果产业发展中心。李云国副主任介绍了该中心的职能定位以及中心成立以来开展的工作。为了服务云南昭通苹果产业快速发展的需要，市委、市政府将原昭通市水果技术推广站、昭通市苹果产业研究所机构和职能进行整合，组建了正处级昭通市苹果产业发展中心。该中心定位于以苹果产业为核心的全市水果产业发展规划、生产发展、产业加工、科研开发、标准制定、品牌建设、市场开发、技术攻关、技术推广、技术培训和技术合作等，自成立以来，与云南农业大学、云南省农业科学院、河北农业大学、山东农业大学等院校开展合作交流，先后成立了束怀瑞院士工作站，董雅凤、魏钦平专家工作站。在国家苹果产业技术体系的指导下，开展苹果产业科技服务工作，先后出台了《昭通百万亩苹果产业发展规划（2018—2025 年）》《昭通市猕猴桃产业发展规划（2019—2023 年）》《关于做优做强苹果产业助推脱贫攻坚的意见》《关于印发〈2018 年苹果产业良种良法和组织化、党支部＋合作社＋农户全覆盖工作方案〉等两个工作方案的通知》《关于统筹新冠肺炎疫情防控着力提高组织程度推进高原特色产业高质量发展的通知》等，明确了水果产业发展目标、工作任务、具体措施、时间节点和发展路径。

2020 年，该中心指导新植苹果 7.39 万亩、6.2 万亩矮砧密植果园建设，完成

了 11.58 万亩老果园的提质增效改造工作。培植苹果生产加工营销企业 24 家，苹果专业合作社 260 多个，带领 13 万户果农脱贫致富。此外，该中心还在昭阳区洒渔镇建成苹果植物园、143 个品种种质资源圃及苹果品种资源 DNA 基因库，制定了 9 项苹果生产技术标准，组建了 380 人的苹果技术服务队伍，对苹果产区实现网格化技术服务与管理全覆盖。开展了苹果重大病虫害防控技术培训 134 场次、培训果农 1.5 万人次。推出了"昭阳红"等苹果品牌，昭通苹果分别入选 2018、2020 年云南省"十大名果"称号。2020 年，中心还与昭通学院签订战略合作协议，11 名专业技术人员被聘为昭通学院特聘教师。

座谈会上，曹克强教授介绍了中国苹果产业发展的概况、存在问题及今后的发展方向，并与中心相关领导与技术骨干进行了交流座谈（图 5-7）。座谈会后，曹克强教授一行在李云国副主任等陪同下考察了昭通海升现代农业有限公司、昭通东达种植有限公司、鲁甸紫源果品开发有限公司苹果基地（图 5-8）。对昭通苹果果区 2020 年发生的早期落叶病、轮纹病以及苹果绵蚜等问题向果园技术人员提出防控建议。

图 5-7　曹克强教授一行在昭通市　　　　图 5-8　曹克强教授等在昭通苹果产业
　　　　苹果产业发展中心座谈　　　　　　　　　　发展中心领导与技术骨干陪同
　　　　　　　　　　　　　　　　　　　　　　　　下在苏家院海升苹果基地考察

云南具有低纬高原特殊的生态条件，充足的阳光、降水及与东南亚相邻的区位优势，具有较好的发展高原特色苹果产业条件。国家苹果产业技术体系科技力量的注入，结合高原特色农业产业技术人才的培养，在我国"一带一路"发展的大背景下，云南苹果产业必将迈上更新、更广阔的台阶。

第四届中国苹果产业大会胜利闭幕

河北农业大学　李云皓

2020 年 10 月 17—18 日，以"发展现代果业，助推乡村振兴"为主题的第四届中国苹果产业大会在甘肃省庆阳市举行（图 5-9）。大会还举行了"2020 美丽乡村中国庆阳行·庆阳特色农产品我代言——庆阳苹果宣传推介会"和"人类第四个苹果"品牌发布会及专题报告会及对话专场，考察观摩现代苹果产业园区、冷链物

图 5-9　开幕式现场

流与分拣线中心、苹果脱毒苗木繁育基地。来自国内的苹果产业专家学者和相关企业 1 100 余人齐聚一堂，共同为苹果产业发展"问诊把脉"。本届大会由百农国创（北京）科技有限公司、苹果安全生产俱乐部和庆阳市委、市政府共同主办，庆阳市农业农村局、西峰区人民政府、宁县人民政府共同承办，中央电视台、新华社甘肃分社、中国新闻社甘肃分社、甘肃省新媒体集团、中国新闻社甘肃分社、中国经营报、农民日报、甘肃日报、甘肃经济日报、新浪网、凤凰网、腾讯网、今日头条、搜狐、中国网、陇原网、陇东报、庆阳广播电视台等中央省市新闻媒体做了相关报道。

17 日上午，在庆阳市体育馆前的广场，甘肃省政协副主席、庆阳市委书记贠建民宣布大会开幕并致辞。农业农村部种子局原副局长、中国种子协会副会长马淑萍（图 5-10），甘肃省农业农村厅二级巡视员武红安致辞。庆阳市委副书记、市长卢小亨主持大会开幕式。开幕式上，表彰了庆阳苹果鉴评活动金奖和银奖获得者（图 5-11）。全食优选（北京）健康科技公司、广东兴

图 5-10　中国种子协会副会长马淑萍致辞

宁市裕福鲜果行、天津弘文普惠信息服务公司、东莞下桥日月新果行、深圳鑫润鑫投资发展公司、浙江艾佳果蔬开发公司、江苏来发果业公司、上海叶臣实业公

司、厦门陆贵堂商贸公司、深圳华润万家超级市场有限公司等10家企业分别和庆阳市苹果产业相关企业签订了庆阳苹果销售合作协议，开幕式现场签约销售苹果3.2万吨，签约金额约3亿元（图5-12）。开幕式结束后，举行了"2020美丽乡村中国庆阳行·庆阳特色农产品我代言——庆阳苹果宣传推介会"，安排了丰富多彩的节目演出（图5-13）。推介会上，50余个展位上摆满了品种多样、色泽鲜艳、饱满圆润的苹果，网络直播带货达人们一起化身庆阳苹果代言人，通过线上线下多种形式的直播带货，让庆阳苹果更"红火"，与会领导参观了各区县和苹果相关企业展馆（图5-14）。

图5-11　表彰庆阳苹果鉴评活动
金奖和银奖获得者

图5-12　庆阳苹果销售合作协议现场签约

图5-13　庆阳苹果宣传推介会文艺演出

图5-14　与会领导参观获奖苹果展

17日下午，在庆阳市市政府礼堂专门举行了专题报告和论坛（图5-15、图5-16）。在报告会上，庆阳市委副书记、市长卢小亨作了题为《让庆阳苹果享誉全国走向世界》的主题报告。农业农村部科教司原巡视员、百农国创专家组组长刘艳作了题为《数字时代的农业产业链重构》的报告（图5-17），国家现代苹果产业技术体系试验站原站长、烟台市农业科学院副院长姜中武作了题为《烟台苹果品牌地标——山东省苹果产业振兴新举措》的报告（图5-18），庆阳现代苹果产业技术体系原首席科学家、陇东学院农林科技学院教授吴健君作了题为《居广袤沃塬，立地域品牌，行致远大道——庆阳苹果的故事及些许期待》的报告（图 5 - 19），国家现代苹果产业技术体系岗位科学家、河北农业大学教授曹克强作了题为《苹果枝干病害发生规律及防治》的报告（图 5 - 20）。随后由国家苹果产业技术体系原岗

图 5 - 15　专题报告会现场

图 5 - 16　专题报告会参会代表

图 5 - 17　百农国创专家组组长刘艳作报告

图 5 - 18　烟台市农业科学院副院长
姜中武作报告

图 5 - 19　陇东学院教授吴健君作报告

图 5 - 20　国家苹果产业技术体系岗位
科学家曹克强作报告

位科学家、河北农业大学教授、苹果安全生产俱乐部发起人孙建设主持对话专场，对话产业热点，辨析技术难点，把脉发展路径，共谋产业未来（图5-21、图5-22）。

图5-21 孙建设主持对话专场 　　　图5-22 专题报告和论坛现场直播

18日，与会人员共同前往庆阳宁县和西峰区，先后考察观摩矮化自根砧苹果焦村示范基地（图5-23）、庆阳海越冷链基地及分拣线中心（图5-24）、居立苹果脱毒苗木繁育基地（图5-25）和中国庆阳宁县"人类第四个苹果"品牌发布会（图5-26）。

图5-23 观摩矮化自根砧苹果焦村示范基地 　　图5-24 观摩庆阳海越冷链基地和分拣线中心

图5-25 观摩居立苹果脱毒苗木繁育基地 　　图5-26 庆阳宁县"人类第四个苹果"
品牌发布会

品牌发布会上甘肃省政协副主席、庆阳市委书记贠建民宣布中国庆阳宁县"人类第四个苹果"品牌发布暨产销对接会开幕，并与刘艳、马淑萍、张平、冯雷、武宏安、郑克贤、张懿笃、董涛、孙建设、侯昌明、蔡剑菲共同启动中国庆阳宁县"人类第四个苹果"品牌。国家苹果产业技术体系原岗位科学家、河北农业大学教授孙建设发表讲话，庆阳市委副书记张懿笃发表讲话，宁县县委书记侯昌明致辞并介绍全县苹果产业发展情况，宁县县委副书记、县长李鹏飞主持品牌发布暨产销对接会（图5-27）。

本届大会受到与会代表们的广泛欢迎和高度评价，推动了苹果产业向技术密集型、资本密集型、经营集约型转变，进一步扩规模、提品质、拓市场、增效益，为我国苹果产业的健康发展做出了积极贡献（图5-28）。

图5-27 "人类第四个苹果"产销对接会　　图5-28 第四届中国苹果产业大会圆满落幕

洛川县召开 2020 年苹果免套袋技术现场观摩会

延安综合试验站　邹养军　李前进　屈军涛　杜敬斌

2020 年 10 月 19 日，洛川县苹果免套袋技术现场观摩会在菩提镇木家塬村召开。苹果体系岗位科学家马锋旺教授，洛川县相关领导，洛川县苹果局、洛川苹果产业研发中心、各乡镇技术骨干及部分果农参加了观摩会（图5-29）。

2020 年，在国家苹果产业技术体系岗位科学家马锋旺教授、王金

图5-29 专家进行现场观摩

政研究员、曹克强教授等的指导下，洛川县开始了苹果免套袋栽培的示范推广工作，在全县推广免套袋苹果栽培管理9 691亩，合计产量8 488.7吨，平均售价6.8元/千克以上。免套袋有效解决了苹果套袋栽培过程中用工量大、成本高、品质下降等突出问题，节省了人工和纸袋成本，增加了果农收入，在洛川县得到了广泛认可。

观摩会上，苹果体系岗位科学家马锋旺教授分析了我国苹果产业发展现状，认为苹果产业依然是陕北农业农村发展以及脱贫致富的最好产业，但目前存在两大问题：第一是苹果质量距离消费者的需求还有一定距离，需不断提升；第二是由于劳动力成本增加导致生产成本升高，种植者经济效益下降。要实现苹果产业高质量发展，解决生产成本过高等问题，就必须朝着无袋化方向发展，通过选择新优品种、优化栽培管理技术体系以及改变消费者的观念，大力推广免套袋栽培。洛川县发展免套袋苹果，既能提高品质满足消费者的需求，又能降低成本提高果农的经济效益，进而促进洛川苹果产业可持续发展。

与会代表参观并品尝了示范基地的免套袋苹果，对于免套袋果实外观和内在品质给予了高度评价（图5-30～图5-33）。

图5-30　免套袋福布瑞斯/M9-T337

图5-31　福布瑞斯免套袋果实

图5-32　免套袋长富2号/八棱海棠

图5-33　长富2号免套袋果实

全国苹果病虫害防控协作组成立暨首届工作会议召开

病虫草害防控研究室　曹克强　李保华　孙广宇　张金勇　尹新明

2020 年 11 月 27 日上午，由国家苹果产业技术体系病虫草害防控研究室发起的"全国苹果病虫害防控协作组成立暨首届工作会议"采用腾讯视频的形式胜利召开。国家苹果产业技术体系病虫草害防控研究室 5 位岗位科学家和部分团队成员、农药残留岗位科学家聂继云教授、26 个综合试验站部分站长和各站植保负责人、业内知名专家中国农业科学院果树研究所仇贵生研究员和周宗山研究员、山西省农业科学院植物保护研究所范仁俊研究员、云南农业大学孔宝华教授、甘肃农业大学徐秉良教授、天水师范学院呼丽萍教授、木美土里生态农业有限公司刘镇董事长、青岛星牌作物科学有限公司潘成国总经理及各位专家课题组成员共 70 余人参加了会议。

受协作组邀请，国家苹果产业技术体系首席科学家、西北农林科技大学教授霍学喜参加了本次会议的开幕式，并做了重要讲话。霍首席在讲话中对协作组的成立表示热烈祝贺，并提出了 3 点看法：①气候变化使果园生态发生了很大变化，要深入研究这种变化对果园病虫草害发生的影响及应对策略。②传统老果区低效果园改造任务仍然非常艰巨，这些低效果园病虫草害防控工作需要加强。③我国苹果产业布局调整加快，西南高原冷凉种植区种植面积快速增加，应加大这些区域病虫草害发生流行规律的探索并建立配套综合防控技术体系。霍首席还对协作组的工作提出了 2 点建议：①进一步整合体系内外资源，形成有凝聚力的运行机制，探索创新模式，与国内外一流企业合作，深化面向生产问题的科研工作，加速科技成果转化，探索知识产权共享机制，构建产、学、研、企命运共同体。②我国幅员辽阔，苹果种植区分布广泛，不同地域病虫草害的发生既有共性问题，也有大量地域性差异，建议依据地域特点形成若干研发板块，研究不同地域、不同生态类型的病虫害发生规律和防控技术。

会议期间，国家苹果产业技术体系病虫草害研究室尹新明教授、中国农业科学院郑州果树研究所张金勇研究员、西北农林科技大学孙广宇教授、青岛农业大学李保华教授分别就协作组的运行机制和研究内容等提出了各自的意见，农药残留岗位科学家聂继云教授分别介绍了各自岗位的工作及对协作组成立和运行的看法，与会知名专家分别介绍了各自所在区域病虫草害发生种类和特点以及对今后工作的希望。各岗位科学家、团队成员、综合试验站植保负责人以及企业负责人分别介绍了各自的工作和未来的工作设想。

国家苹果产业技术体系病虫草害防控研究室主任、河北农业大学曹克强教授主持了本次会议，并对 2021 年协作组需要开展的共性和个性研究进行了部署。将不套袋条件下苹果病虫害的综合防控技术列为各试验站共性试验研究内容，将食心虫类、橘小实蝇、煤污病、黑星病和再植病害等苹果病虫害列为个性化研究内容，由各位专家与本区域相应的综合试验站对接，本着自愿合作的原则开展研究工作。由综合试验站选择试验果园，专家提供研究方案，并在试验过程中与综合试验站一起对试验效果进行评价。专家与试验站合作开展研究与示范，知识成果共享。

本次会议实现了人员之间的相互熟悉和各地病虫害发生防控情况的信息交流，对未来工作重点进行了梳理和部署。协作组的成立搭建了一个开放式的合作平台，有利于将来通过集体的智慧和力量为我国苹果产业的健康发展保驾护航，助力我国苹果产业的不断升级和提质增效。

苹果新品种瑞香红苗木生产经营权成功转让

遗传改良研究室　赵政阳　杨亚州　王雷存　高　华

2020 年 10 月 22 日，西北农林科技大学与木美土里生态农业有限公司签约，以 1 100 万元的价格将中晚熟鲜食品种改良岗位选育的瑞香红苹果新品种的苗木生产经营权实施许可成功转让给了木美土里生态农业有限公司（图 5 - 34）。

图 5 - 34　西北农林科技大学与木美土里生态农业有限公司签约

瑞香红苹果品种，是赵政阳教授团队以富士×粉红女士为亲本，历时近 20 年杂交选育的晚熟苹果新品种，2002 年杂交，2020 年 1 月通过陕西省林木品种审定委员会审定，良种编号为"陕 S - SC - MR - 002 - 2019"。

瑞香红为晚熟红色苹果新品种，果个中等，平均单果重197.3克；果实长圆柱形，果形端正、高桩，果形指数0.97；果面光洁，呈鲜红色，易着色，可免套袋栽培；果肉细脆，酸甜适口，香味浓郁，品质佳（图5-35）。果实硬度8.61千克/厘米^2，可溶性固形物含量16.3%，可滴定酸含量0.29%，维生素C含量55.3毫克/千克。果实大小整齐，

图5-35 瑞香红品种结果性状

商品率高，极耐贮藏。果实成熟期10月下旬，果实发育期185天。对白粉病、褐斑病具有较强抗性，在中低海拔苹果产区有很大的发展潜力。

第六章　2020年度苹果病虫害防控技术发展报告

2020年度苹果病虫害防控技术发展报告

病虫害防控研究室　曹克强　李保华　孙广宇　张金勇　尹新明

一、国际苹果病虫害防控技术现状及研发进展

（一）苹果病害

苹果枝干病害包括苹果树腐烂病和苹果轮纹病，研究进展主要集中在病原菌致病机理及其与寄主互作机制、抗药性评价、生物防治、检测技术等方面。苹果叶部病害研究进展主要集中在发生和危害严重的炭疽叶枯病和褐斑病上，其他叶部病害的文献较少。苹果果实病害直接影响苹果产量和质量，世界性分布的苹果果实病害主要有黑星病、火疫病、苦腐病、白腐病、霉心病、煤污病、褐腐病、类病毒病害等，部分地区发生的病害有牛眼果腐病、蛙眼病等，采后病害包括造成贮藏期烂果等的霉心病、炭疽菌、青霉病、灰霉病等。

1. 苹果树腐烂病

（1）致病机理。黄丽丽团队采用深度测序技术，用分子和组织学分析的方法分离和鉴定了苹果树腐烂病菌（*Valsa mali*）的milRNAs（microRNA-like RNAs）及其对应的靶标（Xu et al.，2020c），这个关键的milRNA（Vm-milR16）能够自适应调节毒力基因的表达，进而调控病原菌的致病基因。LaeA是*V. mali*的次生代谢调控因子，负责次生代谢生物合成基因簇（SMBGCs）的调控，毒素的产生以及毒力的表达（Feng et al.，2020c）。*VmlaeA*基因的缺失导致*V. mali*致病力显著降低。转录组分析表明，有一半的SMBGCs是受到*VmlaeA*基因的调控。microRNA通过调节其相应的靶基因在各种生物学过程中发挥重要作用。Feng等（2020a）在*V. mali*中分离并鉴定了一种milRNA（即Vm-milR37），通过深度测序和RT-qPCR发现Vm-milR37在菌丝体中表达，但在感染过程中不表达。Vm-milR37通过调节VmGP（一种谷胱甘肽过氧化物酶）在致病性中起关键作用，而

VmGP 则在 *V. mali* 感染过程中有助于氧化应激反应。

（2）病原检测。苹果树腐烂病病菌具有潜伏侵染特性，Xu 等（2020a）开发了一套 LAMP（环介导等温扩增检测）体系可用于潜伏腐烂病菌的快速精准检测。苹果树腐烂病病菌在大规模气候条件下适宜的生长条件尚不清楚，Xu 等（2020d）应用最大熵模型预测了当前和未来背景下苹果树腐烂病病菌分布的气候、地形和土壤因素，发现苹果树腐烂病病菌的分布受气候变化的影响，并为大规模研究苹果树腐烂病病菌的分布提供了可行方法。在新疆天山地区野生苹果腐烂病病株上分离获得的 6 株壳囊孢属真菌，分别鉴定为 *Cytospora mali* 和 *Cytospora parasitica*（Liu et al.，2020d）。

（3）病原菌抗药性。Wang 等（2020b）测定了来自中国陕西省的 115 株苹果树腐烂病菌对甾醇脱甲基化抑制剂（DMIs）氟硅唑的敏感性，其平均 EC_{50}（半最大效应浓度）值为（0.089 2±0.003 6）毫克/毫升，并且 EC_{50} 的频率分布呈单峰曲线。通过田间试验发现，氟硅唑对腐烂病具有良好的保护和治疗效果，该药剂可导致腐烂病菌菌丝畸形，无法产生子实体，且细胞膜透性增大而麦角固醇含量和果胶酶活性降低，且果胶酶基因表达量显著下调。Feng 等（2020b）评估了苹果树腐烂病菌对甲氧基丙烯酸酯（QoI）类杀菌剂吡唑醚菌酯的抗药性风险，发现吡唑醚菌酯对腐烂病菌的抑制效果较好，测试的 120 株腐烂病菌的 EC_{50} 值为 0.001 4～0.024 0 毫克/毫升，平均值为 0.009 1 毫克/毫升，EC_{50} 的频率分布呈单峰曲线，EC_{50} 值与菌株的地理分布存在相关性；获得了 3 株腐烂病菌抗药性菌株，且菌株的抗性较稳定。以上研究表明氟硅唑和吡唑醚菌酯在苹果树腐烂病的防治中具有巨大应用潜力。

（4）病害防治。将克隆自无抗真菌活解淀粉芽孢杆菌突变体的几丁质结合蛋白基因 *ChbB* 和几丁质酶基因进行异源表达，获得各自的纯化蛋白。进一步研究发现，*ChbB* 和几丁质酶混用具有协同效应，可提高几丁质酶活性并增强其抗菌活性，为后续利用改良的解淀粉芽孢杆菌菌株 EDR2 防治苹果树腐烂病提供了理论基础（Wang et al.，2020a）。西北农林科技大学的黄丽丽团队发现了本氏烟中的一种受体蛋白 RE02，该受体蛋白可以识别苹果树腐烂病菌的病原识别相关分子模式 VmE02，认为 RE02 是一种很有前途的工程抗病靶点（Nie et al.，2020）。马峰旺教授团队发现苹果中的 MdMYB88 通过与 *MdCM2* 基因的启动子区域结合，正向调控苯丙氨酸的生物合成，可以有效预防干旱的危害以及腐烂病菌侵染（Geng et al.，2020）。

枯草芽孢杆菌产生的二吡啶酸（DPA）可以对 *Valsa pyri* 的生长起到明显的抑制作用，并且对梨树腐烂病的防控效果较为明显，可以作为潜在的抗真菌药剂

（Song et al.，2020）。Lv 等（2020）在 3 - 酰基硫代甲酸（3-acylthiotetronic acid）的 5′端设计了不同的衍生物，并检测了这些衍生物对 *V. mali* 的抗菌活性，结果表明，大部分的产物在 50 微克/毫升的浓度上都具有好的抗菌活性。Musa 等（2020）在中国新疆伊犁和塔城干旱地区的中草药玫瑰百里香（*Thymus roseus*）的野生种群中分离获得了内生放线菌，这些内生菌对 *V. mali* 具有较强的拮抗作用，具有成为生防菌的潜在应用价值。一种新型羟酸类化合物 5IV-d［5-(2-chloronicotinami-do)-1-(p-tolyl)-1*H*-pyrazole-4-carboxylic acid］对 *V. mali* 具有显著的抑菌效果（Liu et al.，2020a）。此外，碘介导的氧化环化反应合成了一系列含有 1，3，4 - 噁二唑（1,3,4-oxadiazole）的类似物，在 50 微克/毫升的浓度下对 *V. mali* 具有较强的拮抗作用（Xu et al.，2020a）。

2. 苹果轮纹病

（1）致病机理。对于苹果轮纹病菌致病机理研究尚未取得突破性进展，仅 Dong 等（2020a）报道了一种高效敲除轮纹病菌基因的新方法。该方法基于基因同源重组原理，通过 PEG 介导的原生质体转化法进行，利用该方法成功敲除了轮纹病菌的两个基因，为后续研究轮纹病菌的功能基因及其致病机制提供了有效手段。

诸多研究表明，异分支酸合成酶（ICS）在水杨酸积累和植物抗病中起着重要作用。Zhao 等（2020）研究发现水杨酸处理能够提高苹果对轮纹病菌的抗性，利用电泳迁移率变动分析（EMSA）、酵母单杂交、染色质免疫共沉淀- qPCR（ChIP-qPCR）、实时定量 PCR、荧光素酶和 β 葡糖醛酸糖苷酶（GUS）分析等技术，证实苹果受轮纹病菌侵染后，苹果中的 *MdWRKY*1 能够直接结合至 *MdICS*1 的启动子区域，进而激活 *MdICS*1 的转录，以增加水杨酸的积累和病程相关基因的表达，从而增强了苹果对轮纹病菌的抗性。此外，环腺苷酸门通道（CNGCs）蛋白参与多种植物生理过程，并与植物免疫密切相关。Zhou 等（2020a）鉴定到了苹果中的环腺苷酸门通道基因（*MdCNGC*2），利用 CRISPR/Cas9 和 VIGS 技术获得了 *Md-CNGC*2 缺失的苹果愈伤组织和果实，发现该基因缺失可导致组织中水杨酸的持续积累并提供寄主组织对轮纹病菌的抗性，表明 *MdCNGC*2 负调控苹果对轮纹病菌的抗性。

（2）生物防治。Huang 等（2020）从葡萄果实中分离获得一株对轮纹病具有显著生防效果的菌株季也蒙毕赤酵母 Y - 1，研究发现菌株 Y - 1 不仅可抑制轮纹病菌菌丝生长和孢子萌发，还能与病原菌争夺空间和养分，并能通过激发一系列防御反应诱导苹果对轮纹病菌的抗性。Mu 等（2020）筛选到一株用于防治苹果轮纹病的生防菌，将其鉴定为萎缩芽孢杆菌，离体试验表明，该生防菌发酵滤液可有效抑制轮纹病菌的生长，降低轮纹病发病率。上述生防菌株为苹果轮纹病的绿色防控提供了高效生防菌株。

苹果轮纹病菌中存在多种真菌病毒。Liu 等（2020c）首次报道了侵染轮纹病菌的单链正义 RNA 病毒（＋ssRNA），命名为 BdFV1。序列分析发现，该病毒全长 6 179 个碱基对，其基因组包括两个假定的开放阅读框（ORF）：第 1 个 ORF 编码包含 1 544 个氨基酸，具有保守 RNA 聚合酶和病毒解旋酶结构域的蛋白；第 2 个 ORF 编码一个未知功能的包含 481 个氨基酸的蛋白。序列比较和系统发育分析表明，BdFV1 是一种新的真菌病毒，属于新提出的 *Fusariviridae* 家族，真菌病毒对于苹果枝干病害具有极大的生防潜能。

3. 苹果炭疽叶枯病　苹果炭疽叶枯病（GLS）为金冠后代品种特有病害，危害苹果叶片及果实，美国、巴西、巴拉圭、日本等都已报道该病的发生。

（1）致病机理。Liu 等（2020b）研究发现转录因子 *CfSte*12 是苹果炭疽叶枯病菌的一个关键致病调控因子，且在该病原菌有性生殖过程中发挥重要作用。Shang 等（2020）鉴定到了炭疽叶枯病菌的另一个效应因子 *CfEC*92，在炭疽叶枯病菌侵染早期，*CfEC*92 可通过抑制苹果的防卫免疫反应促进自身侵染。

（2）病原检测。苹果炭疽叶枯病是流行性极强的病害，其早期检测对于该病害的有效防控至关重要。Hamada 等（2020）以嘎拉和 Eva 苹果品种为材料，研究了炭疽叶枯病菌在两个品种花和幼果中的侵染，结果表明在两个品种花的不同结构中均可检测到该病原菌，而在幼果中，仅在 Eva 中分离到炭疽叶枯病菌。对获得的 5 个菌株利用菌饼（有伤和无伤）和分生孢子悬浮液（无伤）在嘎拉成熟果实和叶片上进行接种，研究发现，利用菌饼接种果实上产生了苦腐症状，通过分生孢子接种果实上产生了 GLS 症状，接种叶片上也产生了典型的 GLS 症状。由于花是幼果感染的途径，无症状苹果花中检测到的苹果炭疽叶枯病菌在该病流行中至关重要，本研究为苹果炭疽叶枯病的早期监测提供了理论依据。在巴西，Moreira 等（2020）比较了不同苹果炭疽叶枯病菌的流行学差异，研究发现，在潜伏期和侵染期，*Colletotrichum fructicola* 和 *C. nymphaeae* 的致病力相当，均可侵染炭疽叶枯病抗病品种 Eva。

4. 苹果褐斑病　苹果褐斑病、炭疽叶枯病和斑点落叶病症状相似，生产上难以区分，进而给病害有效防控带来极大困难。为了快速精准诊断 3 种苹果叶部病害，Ren 等（2020）开发了一种针对苹果褐斑病菌的 LAMP 检测方法，该方法可快速、特异地检测苹果褐斑病菌，且成本低，操作简便，适用于田间推广，为苹果褐斑病的精确诊断和防控提供了技术支撑。

5. 其他苹果叶部病害　为深入了解苹果白粉病病菌的生物学特性，Gañán 等（2020）对苹果白粉病病菌进行了基因组测序，这是首次报道的叉丝单囊壳菌基因组序列，为该病原菌的生物学特性、流行规律等研究奠定了基础。苹果锈病近年来危害逐年加重，Tao 等（2020）对锈病病菌在两个产孢阶段的转录组进行了测序，鉴定到了该病菌次级代谢、宿主反应和致病相关基因，为深入了解这种转主寄生病原菌的生物学特性及其与寄主的互作机制等提供了新思路。

6. 苹果病毒病

（1）检测体系的建立。Kim（2019）利用 42℃等温恒温条件下的逆转录重组酶聚合酶扩增（RT-RPA）技术和设计的靶向特异性引物，建立了一种快速、灵敏、特异性检测感染样本中苹果茎痘病毒（ASPV）的分子诊断检测方法。Pooja 苹果茎沟病毒（ASGV）是一种广泛分布的潜隐性病毒，其能感染苹果，造成了相当大的经济损失，是对苹果行业的威胁。为了研究 ASGV 的发生和发病率，Bhardwaj（2020）开发了从印度生产的 ASGV 重组外壳蛋白的多克隆抗血清，可以可靠地检测该病毒。Noorani（2020）研制了一种生物素标记的非同位素新型多探针，用于同时检测 6 种病毒。通过斑点杂交试验，测定了苹果绿斑叶斑病病毒（ACLSV）、苹果花叶病毒（ApMV）、ASGV、樱桃病毒 A（CVA）、李坏死环斑病毒（PNRSV）和李痘病毒（PPV）感染果树的情况。Menzel（2020）介绍了两种以植物 mRNA 为内参的多重定量转录-聚合酶链反应（RT-PCR）检测方法，用于 ACLSV、ASPV、ApMV 和 ASGV 的平行检测。

（2）新病原的鉴定及病毒的分布。Leichtfried（2019）2016 年在奥地利布尔根兰州南部的苹果果实上观察到类病毒症状，通过新一代高通量测序技术确定了类病毒（354nt）的全基因组序列，暂定命名为"*Apple chlorotic fruit spot viroid*"，为苹果锈果类病毒属（*Apscaviroid*）的新成员。Baek（2019）报道了苹果砧木病毒 A（ApRVA），该病毒从苹果中分离，是具有一个 14 043 个核苷酸的单链负义 RNA 基因组。基因组的组织、系统发育关系以及与其他弹状病毒的序列相似性表明 ApRVA 是弹状病毒属的新成员。Nabi（2020）通过 RT-PCR 证实了苹果坏死性花叶病毒（ApNMV）与苹果花叶病的关联性，在 DAS-ELISA 检测为苹果花叶病毒（ApMV）呈阴性的样品中，扩增获得了完整的 ApNMV 外壳蛋白基因的序列。研究表明，ApNMV 在印度通常与苹果花叶病相关，并且可能是苹果花叶病的主要原因，这是 ApNMV 与印度苹果花叶病相关的第 1 份报道。Cao（2020）报道了用源自南京樱桃的 ASPV 接种了烟草，并通过高通量测序获得了烟草 RNA 测序数据。

Wright 等基于 RNA-Seq 技术从蜜脆苹果中鉴定到 8 个已知病毒和苹果锤头类病毒，另外还鉴定到 17 种潜在的新病毒，包括 1 种环斑病毒（ilarvirus），2 种番茄丛矮病毒（tombus-like viruses），1 种杆状 RNA 病毒（barna-like virus），1 种小 RNA 病毒（picorna-like virus），3 种欧尔密病毒（ourmia-like viruses），3 种分体病毒（partiti-like viruses）和 2 种裸露 RNA 病毒（narna-like viruses）。Koloniuk 等基于高通量测序鉴定到一种归属于 *Velarivirus* 属的新病毒 *Malus domestica virus A*（MdoVA）。Leichtfried（2020）等基于 qPCR 和数字 PCR 研究了苹果类病毒（ACFSVd）的传播规律，证实病毒可通过出芽、种子、嫁接等方式传播。另外在蚜虫和菟丝子中也检测到类病毒。

（3）无毒苗木繁育体系的建立。Souza（2020）的研究结果表明，液滴玻璃化冷冻疗法技术是生产 Marubakaido 苹果砧木中不含 ASGV 和 ASPV 的繁殖材料的有效工具。Li（2020）为 5 种苹果病毒和类病毒建立可靠有效的检测和消除方法，包括 ACLSV、ASGV、ASPV、PNRSV 和 ASSVd。

（4）病毒生物学特性、分子变异及基因功能研究。Ma（2019）为明确 ASPV 的外壳蛋白（CP）的功能，采用农杆菌介导的浸润法表达 YFP-ASPV-CPs，感染本生烟草，并于萌发期在共焦显微镜下检测 YFP-ASPV-CPs，结果发现，表达于大肠杆菌 BL21（DE3）中的重组 CPs 对用于检测 ASPV 的 3 种抗体具有不同程度的血清学反应性。Li（2020）用 Gibson 组装法（新英格兰生物实验室）构建了 2 个 ASGV 分离株的全长 cDNA 克隆，该分离株取自吉林沙果（JL-SG），它们的序列完全相同。该全长 cDNA 克隆可经汁液摩擦接种感染藜麦、烟草、西葫芦 37B 及苋菜，但无法感染本生烟草。将该 cDNA 克隆在富士苹果上进行了农杆菌侵染，虽无感染症状，但该病毒可通过接种汁液传播至藜麦，并引起典型症状。Zhang（2020）为明确我国新发现的等轴不稳环斑病毒属苹果坏死花叶病毒（ApNMV）与苹果之间的病毒-蛋白质分子互作机制，首先鉴定了一个属于等轴不稳环斑病毒属的 3 亚组的 ApNMV-Lw 分离物，以其研究病毒组分之间的相互作用。这项研究提供了对 ApNMV 复制组分之间蛋白质相互作用的深入研究，有助于今后对其致病性的研究以及制定控制病毒病害的策略。Hisashi（2020）用单粒子 cryo-EM 以 2.87 的分辨率报告了一种 RNA 植物病毒苹果潜伏球形病毒的结构。cryo-EM 图谱显示了稳定衣壳的独特结构及从亚基突起处的基因组泄漏，从而深入了解了这种病毒的增殖。Werner（2020）在苹果树上，以苹果潜隐病毒（ALSV）为载体，利用生物学方法优化出了一种有效的接种方法，该研究描述了一个在苹果树组织中基于 ALSV 的载体开发了设计和沉默一个目的基因（GOI）方法的详细步骤。Li（2020）研究表明，ACLSV 的一个序列变异在受感染苹果的果实上引起了一种特征性的环状锈病，ASPV 的一个序列变异可能会在受感染的苹果果实上引起绿色皱褶症状。同时，该研究还提出了一个实验系统，可以证明在病源尚未确定的情况下，在病变组织中发现的病毒是否是导致病害的病原体。

7. 苹果再植病害　土壤经厌氧消毒后施入果园草 20 吨/亩，能显著增加树干直径，效果与氯化苦熏蒸一致，降低了根中病原菌 DNA 的数量，促进了砧木的生长。基因型（而非土壤处理）影响着腐霉菌和立枯丝核菌对根系的侵染（Hewavitharana et al.，2020）。Mazolla 等（2020）发现单独应用厌氧土壤消毒（ASD）或芥末粉（MSM）处理与将两者综合处理一样有效或优于复合处理。

再植土壤中微生物群落的改变状态，显示出 α 和 β 多样性的改变，这反过来也会影响苹果根际和根面微生物群的正常发育（失调），与症状相一致（Balbín-Suárez et al.，2020）。Singh 等（2020）在印度喜马偕尔邦 Shimla 和 Sirmaur 地区 10 个苹果园根际土壤分离到了真菌病原菌（立枯丝核菌、根腐霉、苹果疫霉、尖孢镰刀菌、黑柄孢菌）和病原线虫（天麻矮化线虫、咖啡短体线虫、剑线虫、双宫螺旋线虫、弯曲针线虫）。Popp 等（2020）以在病变的根皮层细胞中形成典型的菜花状结构作为标志，采用 Harris Uni-Core 采集受再植病原侵染的苹果毛细根样本，用激光显微切割（laser microdissection）分析采集样本中病原菌类型。Manici 等（2020）研究发现，双核丝核菌是苹果的生长促进剂，但这种有益效果取决于其在苹果根系的定殖程度，并受土壤环境的影响。Reim 等（2020）通过转录组测序发现，16 个基因在再植苹果根系中的表达上调了 4.5 倍以上，*MNL2*（推测的甘露糖苷酶）、*ALF5*（多抗菌挤压蛋白）、*UGT73B4*（尿苷二磷酸葡萄糖醛酸基转移酶 73B4）和 *ECHI*（几丁质结合）4 个基因在根中显著上调，这些基因似乎与寄主植物对苹果再植病（ARD）的反应有关，尽管以前从未对其有过描述。其中 6 个高度上调的基因属于植物抗毒素生物合成途径，其特异性基因表达模式与根中植物抗毒素含量测定结果一致。Cavael 等（2020）研究认为，联苯合酶（BIS）基因的表达模式与苹果属植物基因型的表型反应有很好的相关性，可以作为 ARD 的早期生物标志物。Rohr 等（2020）研究也认为，植物抗毒素生物合成基因 *BIS3*（联苯合酶 3）和 *B4Hb*（联苯 4 羟化酶）可以作为苹果再植病害的早期生物标志物。链格孢菌群（Ag）是一个对再植反应敏感的土壤真菌种群。树干横截面积（CSA）是一个实用而稳健的参数，可以用来表征树木的地上和地下性能。因此，可以通过参数 Q＝ln（Ag）/CSA来计算树木活力的抑制，作为土壤真菌比例和植物在单株树水平上的反应的函数，用于确定土壤功能变化和监测苹果园土壤疲劳的经济效应。Simon 等（2020）研究发现，微量营养素供应减少和氮循环与苹果再植病害发生的严重程度的田间变异性有关。

8. 苹果果实病害

（1）苹果黑星病。苹果黑星病是世界各苹果产区最重要的病害之一，具有流行速度快、危害性大、难以防治等特点。对苹果黑星病的防治主要采用种植抗病品种和化学药剂防治。多种化学农药被用来防治苹果黑星病，大量农药的施用使病原菌产生抗药性。苹果黑星病菌有生理分化现象，形成不同致病性群体，目前已鉴定 7 个生理小种。寄主品种间抗性显著分化，发现多个苹果抗病基因。Cordero-Limon 等基于群体抗药性分析和遗传分析研究了苹果黑星病病菌对腈菌唑和戊唑醇的交互抗性，发现两种抗性高度关联，由两个存在一定上位效应的遗传位点决定。*Rvi6* 是一个重要的黑星病抗性基因，Papp 等报道了能克服 *Rvi6* 抗性的黑星菌株，遗传分析表明这些抗性菌株起源于北美，与欧洲菌株有较远的遗传距离。Prencipe 开发了苹果黑星病菌的 Taqman qPCR 检测体系，该体系检测灵敏度可达 20 毫微微克，具有高度特异性，可以从潜伏侵染的叶片和果实上检测到病原菌。

（2）苹果霉心病和心腐病。苹果霉心病和心腐病是由多种真菌复合侵染所致的复合病害，在世界各苹果产区几乎均有发生。在霉心和心腐病果中发现了多种真菌毒素，如串珠镰刀菌素、吡喃酮、黄色镰刀菌素等。降水、果园地势、郁闭度等均影响霉心病的发生。苹果不同栽培品种间对霉心病的抗性不同，红元帅、北斗、红富士等是较为感病的品种。生产上主要通过花期喷药防治，但是防治效果不稳定，防治技术有待于成熟。Pavicich 等分析了新鲜采集和冷藏 9 个月的苹果霉心病果率和霉心病原多样性，发现：鲜果霉心病果率为 34%，病原主要为青霉和链格孢；冷藏果霉心病果率为 51%，病原主要为细极链格孢菌。

（3）苹果炭疽病。苹果炭疽病包括引起果实腐烂症状的苦腐病，在夏季高温、多雨、潮湿的地区发病发生严重。对于苦腐病，果实在坐果后即可被感染，但在果实近成熟时开始发病，采收后在贮藏期继续发展，造成采前大量落果和采后贮藏腐烂。引起炭疽病的病原有多种。Kim 等分析了韩国苹果炭疽病菌的多样性和对杀菌剂的敏感性，共鉴定到果生炭疽菌（*C. fructicola*）、松针炭疽菌（*C. fioriniae*）、胶孢炭疽菌（*C. gloeosporioides*）、*C. nymphaeae*、*C. siamense* 等物种，均对噻苯唑高度敏感。Khodadadi 等对纽约州地区苹果苦腐病菌的多样性进行系统分析，当地主要病菌为松针炭疽菌（*C. fioriniae*）、*C. chrysophilum*、*C. noveboracense*。杀菌剂敏感性测定表明 *C. fioriniae* 对并烯氟菌唑和噻苯唑敏感，而 *C. chrysophilum* 和 *C. noveboracense* 对咯菌腈、唑菌胺酯、苯醚甲环唑敏感。McCulloch 研究了苹果、蓝莓、草莓邻近果园上炭疽病菌的多样性和致病特征。Martin 等研究了松针炭疽菌的流行规律，他们从果园周边的树木和苹果叶中分离到大量的内生菌，这些内生菌接种苹果果实能够引起苦腐症状。

（4）煤污病。煤污病别称蝇粪病，是一类多病原菌引起的复合病害。煤污病在潮湿多雨地区容易发生，在寄主的生长后期危害苹果，引起果实表面的污斑，影响果实的美观，降低果实的经济价值。引起煤污病的病原菌种类多样，至今已有 100 多个种和暂定种病原种类。含有甲氧基氨基甲酸酯、二氢二噁嗪、三唑啉酮等结构的甲氧基丙烯酸酯（strobilurin）类杀菌剂，醚菌酯，苯乙酸甲酯，甲基硫菌灵＋克菌丹为防治煤污病的有效药剂，在有机果园间隔两周喷施碳酸氢钾对煤污病具有一定防效。Rosli 等比较了降水对 3 种苹果煤污病菌传播的影响，他们基于人工模拟降水系统和人工接种试验，证实降水显著促进病菌扩散，而且扩散系数在不同病菌间有较大差异。

（5）采后病害。防治方法主要有化学方法、采后热处理方法、低温储藏、气调储藏、生物防治等。传统的化学方法采用苯并咪唑类杀菌剂、仲丁胺、山梨酸等控制苹果真菌病害。生物防治是近年来逐渐引起人们重视的一种防治措施，常用的生物制剂包括在枯草芽孢杆菌、酵母菌、放线菌及植物提取物等。另外，做好生长期防治可以减少采后病害的发生。Lichtner 等比较了展青霉的苯醚甲环唑抗性菌株和敏感菌株响应药剂处理的转录组差异，揭示了细胞色素 P450 和多药外排系统与苯醚甲环唑抗性密切相关。Tannous 等分析了表观遗传因子 SntB 调控扩展青霉棒曲霉素（patulin）和橘青霉素（citrinin）合成以及致病的机制，证实低温高 CO_2 的贮藏条件能抑制 SntB 表达，进而调控 LaeA、CreA 和 PacC 等次级代谢相关转录因子的表达，影响两种毒素合成。Zetina-Serrano 等证实 brlA 调控分生孢子发育、毛壳菌素和棒曲霉素等毒素合成。Wenneker 等首次报道由厚垣疫霉（*Phytophthora chlamydospore*）引起的果实采后腐烂。Agirman 等研究了酵母菌出芽短梗霉属（*Aureobasidium pullulans*）和 *Meyerozyma guilliermondii* 抑制扩展青霉的效果和机制。Abdelfattah 等研究了冲洗、脱蜡和低温贮藏对苹果采后果面微生物组的影响，研究结果可为采后病害的防控提供重要参考。Marc 等研究了采前天气和采后冷处理对澳洲青苹苹果虎皮病发生的影响，并发现热激蛋白和热激相关转录因子与苹果虎皮病发生的关联关系。Antonioli 等针对采后病害，研究了香茅草精油聚乳酸纳米颗粒的病害防控效果，结果表明纳米颗粒包裹可明显降低苹果苦腐病的病斑面积。

（二）苹果虫害

欧美等发达国家是世界上有机苹果的主要消费市场，同时在研究有机苹果生产的害虫绿色防治方面的工作也开展较早。其中，欧洲在生产有机苹果时，使用苏云金芽孢杆菌制剂防治卷叶蛾、尺蛾等鳞翅目害虫。美国则在有机苹果园中通过干扰交配、使用高岭土、喷施昆虫颗粒病毒和高活性生物杀虫剂多杀菌素等措施用于苹果蠹蛾的综合防控。矿物油也被用于有机苹果生产中蚜虫等害虫的防治。在以出口为主的新西兰等国家的有机苹果生产中，类似的害虫防治技术也被广泛使用。

在苹果害虫预测预报方面，国外广泛应用现代信息技术和计算机网络技术，并结合自动气象监测设备，建立了苹果蚜虫等不同害虫种群动态变化的模拟模型，实现了对苹果主要害虫的长期预报，并以技术咨询服务形式将有关信息通过互联网传递给用户，在苹果害虫的综合治理中起到了重要作用。随着生活水平的提高，人们对农药残留的要求也越来越苛刻。欧盟从 2019 年 1 月 1 日开始禁止 320 种化学农药在境内销售，其中涉及我国生产使用及销售的农药有 62 种之多，与苹果生产相关的有甲氰菊酯、丁醚脲等杀虫杀螨剂。欧盟发布的禁令要求禁止在特定作物上使用噻虫胺、吡虫啉、噻虫嗪这 3 种烟碱类杀虫剂，此禁令可能导致包括苹果在内的多种水果的国际贸易受到限制。为保护公众健康，尤其是保护儿童的健康免受毒死蜱损害，美国夏威夷州颁布了禁用毒死蜱的法案，规定 2019 年 1 月开始禁用毒死蜱，且 2022 年之后继续使用含有该成分药剂的用户将不予豁免。该法案中还要求所有限制使用的农药，应在学校附近保留无喷洒安全区。划定安全区的规定对保护儿童健康意义重大，值得全世界政府和相关组织学习效仿。2020 年 5 月 14 日，印度农业和农民福利部发布 Banning of Insecticides Order 2020，拟禁用 27 个农药品种，其中与果树相关的有溴氰菊酯、多菌灵、毒死蜱等农药种类。面对日益严苛的农药残留要求，探寻果树虫害绿色防控技术才是根本的出路。充分发挥天敌的自然调控、开发低毒高效无残留的天然药剂等研究方向，一直是科研工作者的重中之重，目前，全球多个国家都在大力发展生物农药。昆虫病毒杀虫剂具有极高的专一性，其作用机理独特，防治效果好，并且对农产品质量、农业生态环境安全，是未来害虫综合防控的重要方向。在植保药械方面，国外研究人员提出使用由激光引导的可变速率喷雾器，通过精准、精细施药减少不必要的药剂喷洒，不仅节约了用药成本，同时也减少了化学药剂对环境的污染和药剂残留，最终促进苹果园中虫害防控的可持续发展。

在杀虫剂方面，2020 年 12 月先正达公司宣布在全球范围内推出其专利药剂甲氧哌啶乙酯（spiropidion）的计划。该产品为螺环季酮酸酯类杀虫剂，可用于苹果等多种作物，能够针对性地作用于刺吸式口器的蚜虫、粉虱、木虱、叶螨等害虫。该公司宣传，此药剂能够表现出防治效率高且对环境可持续的效果。

在杀螨剂方面，2020 年 11 月澳大利亚农药和兽药管理局（APVMA），提议批准爱利思达的杀螨剂 Kanemite。该杀螨剂的活性成分含有灭螨醌，可用于二斑叶螨的防治。该公司称，其对二斑叶螨、苹果红蜘蛛、柑橘红蜘蛛等螨虫具有速杀作用，并且持效期长，同时又对捕食螨和其他天敌无害。

随着世界各国对农药残留限量要求的不断升级，国外学者提出了一种简单、灵敏的比率荧光法来检测农残，该方法利用碲化镉量子点（CdTe QDs）纳米探针来检测苹果中西维因的残留量，检测效果更加精准，有望成为食品安全领域高效检测的新技术。其他学者利用液相色谱-质谱（LC-MS）联用技术对苹果、葡萄等多种水果中的农药残留进行检测分析，发现可检测到的残留下限低于欧盟的相关规定，该技术可作为水果组织农药残留检测的补充。

随着消费者对食品安全的日益重视，苹果害虫的绿色防控越发重要。合理利用天敌资源对靶标害虫开展防控，能够绿色、高效地保护果品安全。国外学者通过室内试验，推测出在早春时节利用寄生蜂和异色瓢虫联合防控，能够有效控制苹果蚜虫的发生量。这也提示我们，可以通过室内饲养扩繁靶标害虫的天敌，再追随不同地区苹果的物候期开展园区人工释放，能够将果树害虫控制在危害发生之前。

巴西研究人员利用诱捕器和毒饵结合的方法，防治苹果园中的南美按实蝇，并且取得了比传统防治方法更好或类似的防控效果，减少了化学药剂的使用和在果品以及环境的残留。该防治策略如果得到推广，可以在很大程度上保证苹果免受南美按实蝇的危害。

世界农化网中文网报道称，2020年12月，科迪华公司推出了一款移动应用IPM Pro，通过此应用果农可获知多种药剂对天敌和授粉昆虫的潜在影响。在网络的帮忙下，果农还能够安全便捷地了解该公司各种药剂的使用方法和指导意见，从而减少化学农药的滥用和残留等问题。

1. 橘小实蝇 Shahid 等（2020）报道了克什米尔地区在苹果和木瓜上捕捉到的实蝇，并通过形态特征及 *ITS1* 和 *COX1* 基因鉴定出该实蝇为橘小实蝇。橘小实蝇在温带并不常见，目前为止仅4份关于橘小实蝇在苹果田间危害的报告，橘小实蝇危害寄主范围不断扩大，已经对苹果种植园造成了严重损失。Zhou 等（2020b）基于液相色谱-质谱（LC-MS）联用技术和气相色谱-质谱（GC-MS）联用技术相结合的非靶向代谢组学研究，分析了印楝素对橘小实蝇幼虫内源代谢产物的变化以及印楝素对其生化的影响。

Qin 等（2019）使用 MaxEnt 模型绘制了橘小实蝇在当前和未来几十年的气候条件下的适宜栖息地，在考虑全球气候变化对橘小实蝇潜在地理分布的影响下预测了在未来气候条件下，北半球的橘小实蝇危害区域将向北扩展，而在南半球将向南继续扩散。在中国橘小实蝇的危害区域也正不断地向北扩散，并在北方部分地区可以成功越冬，打破了最初认为的中国北方并不适宜橘小实蝇生长和越冬的理论。

Kanjana 等（2018）研究了肠道细菌的调控对橘小实蝇发育的影响，橘小实蝇幼虫取食富含 *Enterococcus phoeniculicola* 的食物后，生长发育速度加快，蛹重增加并且有较高的存活率，添加乳酸杆菌（*Lactobacillus lactis*）的饲料则会对橘小实蝇的发育产生负面影响。Lu 等（2020）研究了橘小实蝇对马拉硫磷抗药性的产生与谷胱甘肽转移酶的分子进化机制的相关性。

Galinskaya 等（2020）探究了线粒体基因 *COI*、*COII* 和核基因 18s rDNA 在

橘小实蝇快速分子鉴定中的适用性。研究结果显示，线粒体基因 *COI*、*COII* 可以用于橘小实蝇的快速鉴定，尤其当两者同时用于分析时，准确性更高，而核 18s rDNA 所揭示的种间及种内的遗传差异并不适合用于橘小实蝇的快速鉴定。Suhana 等（2019）利用不同剂量的 γ 射线辐照橘小实蝇不同龄期的幼虫，观察其对橘小实蝇幼虫死亡率和畸形率的影响，发现辐射在 150 戈瑞时，可有效抑制 3 龄幼虫和蛹的成虫羽化，可将其参考作为橘小实蝇植物检疫处理的最小剂量。

Nicholas 等（2019）进行了甲基丁香酚（ME）和多杀菌素毒性剂的不同应用密度下的雄性灭杀技术（MAT）对橘小实蝇防治效果的田间试验，发现当应用密度超过相对较低的阈值时，MAT 实施方案中 ME 的有效性会降低。Shen 等（2019）用正己烷提取成熟橘小实蝇雌雄虫的化学物质，发现烯丙基-2,6-二甲氧基苯酚可近距离对橘小实蝇雄性产生引诱作用，可用于橘小实蝇防治。

2. 瓜实蝇 Verma 等（2019）的存活试验表明，溴氰菊酯和马拉硫磷对 15 日龄（100%）昆虫的致死率高于 1 日龄成虫。溴氰菊酯处理后，7 日龄昆虫的存活率最高，而马拉硫磷处理后，3 日龄昆虫的存活率最高，推测缺乏足够的谷胱甘肽硫转移酶和过氧化氢酶会导致瓜实蝇的抗性随着年龄增长而降低。Samikshaa 等（2020）发现胰蛋白酶抑制剂（MPTI）对瓜实蝇幼虫（64～72 时龄）的生长有抑制作用，可延长幼虫、蛹期和总发育期。随着 MPTI 浓度增加，幼虫死亡率显著增加。在 MPTI 的所有浓度下，营养指数都显著下降。RT-PCR 显示胰蛋白酶和胰凝乳蛋白酶基因的表达水平降低，而谷胱甘肽转移酶、酯酶、过氧化氢酶、超氧化物歧化酶和过氧化氢酶的表达水平升高，表明 MPTI 可作为一种待开发的生物防治剂。Souder（2020）利用雄性杀灭技术，将瓜实蝇引诱剂与生物农药相结合，对瓜实蝇的防控起到了很好的抑制作用。

二、国内苹果病虫害防控技术现状及研发进展

（一）苹果病害

2020 年国内发表的苹果树腐烂病和苹果轮纹病文献内容主要集中在生物防治、化学防治、抗药性评价及病原菌致病机理等方面，关于苹果叶部病害发表的文献较少，且内容多集中在病害防治技术。苹果果实轮纹病、苦腐病、炭疽叶枯病、霉心病、黑点病、煤污病和花脸病为影响我国苹果品质、产量等的重要原因。

1. 苹果树腐烂病

（1）致病机理。王怡霖等（2020）克隆了苹果树腐烂病菌 *VmSom1* 基因，该基因缺失导致腐烂病菌突变体生长速率明显减慢，致病力几乎完全丧失且产生子实体，表明该基因在腐烂病菌致病过程中发挥重要作用。最近研究发现，不同苹果组

织可显著影响腐烂病菌主要致病因子毒素水平和细胞壁降解酶活性（孙翠翠等，2020）。腐烂病菌在不同苹果组织培养基中均可快速生长，但在韧皮部培养基中产生分生孢子器数量最多。腐烂病菌在苹果韧皮部和木质部培养基中产生细胞壁降解酶种类和总活性无显著差异，但在果实培养基中不分泌细胞壁降解酶。不同苹果组织对腐烂病菌产毒素水平和种类有显著影响，韧皮部培养基中可检测到 5 种毒素，总量高达 545.88 微克/毫升，而木质部和果实培养基中仅产生 4 种毒素，总量分别为 58.08 微克/毫升和 2.78 微克/毫升，为全面解析腐烂病菌与寄主互作机制奠定了基础。西北农林科技大学黄丽丽团队根据 1960—1990 年的环境气候因子数据，利用 19 个生物气候因子建立了 MaxEnt 模型，并利用该模型预测了苹果腐烂病在中国的潜在地理分布（孙红云等，2020）。通过该模型分析发现，最冷月最低温度、最暖季度平均温度和最冷季度降水量是影响苹果树腐烂病分布的主要环境因子。

（2）病害调查。2019 年春季，甘肃省东部苹果产区的部分果园发生了苹果树腐烂病反弹的现象，主要发生在泾川、灵台、镇原、静宁等地区，严重地区的病株率达到 65% 以上（刘兴禄等，2020）。内蒙古农业大学对内蒙古呼和浩特市周边果园进行了苹果树腐烂病的调查以及病原菌的分离和鉴定，明确了内蒙古呼和浩特市苹果树腐烂病病菌为 *Cytospora schulzer* 和 *C. mali*（马强等，2020）。

（3）病害防治。为筛选对苹果树腐烂病菌具有拮抗作用的生防菌，甘肃农业大学徐秉良教授团队研究了 3 株生防细菌菌株间的亲和性以及不同菌株复配组合对苹果树腐烂病的抑菌活性。结果表明，枯草芽孢杆菌 B1 和多黏类芽孢杆菌 FS-1206 亲和性良好，并且与种子液 2∶1 复配时，其复配发酵菌液对苹果树腐烂病菌抑菌活性最高。此外，他们从苹果根际土壤中分离获得了 1 株对苹果树腐烂病菌具有拮抗作用的放线菌 JPD-1、1 株真菌菌株 Z-12A，具有一定的生防潜能，为该病生防菌剂的选择提供了新的菌种资源（李恩珅等，2020；薛应钰等，2020a、2020b）。吕前前等（2020）在苹果韧皮部组织中筛选获得一株解淀粉芽孢杆菌（*Bacillus amyloliquefaciens*）BaA-007 菌株，该菌株及次生代谢物均可以抑制腐烂病菌生长。离体枝条接种发现，该菌株可显著降低腐烂病病斑的扩展。用 BaA-007 菌株处理苹果组织后，水杨酸、茉莉酸和乙烯途径关键相应基因以及几丁质合成酶基因等均不同程度上调表达，表明该菌株具有多种生防机制。新疆农业大学研究发现萎缩芽孢杆菌 XW2 及发酵液在 5 个不同品种的果树上对于苹果树腐烂病都具有较好的防治效果（马荣等，2020）。牛军强等（2020）研究发现，连续 3 年施用木美土里生物有机肥可以显著降低苹果树腐烂病的病害严重度。

戊唑醇是防治苹果树腐烂病的常用杀菌剂，为揭示戊唑醇的杀菌机理，高双等（2020）对戊唑醇抑制腐烂病菌的形态毒理学进行了研究，发现戊唑醇不仅能抑制腐烂病菌孢子萌发，并可导致芽管和菌丝畸形，从而阻止腐烂病菌的侵染，该研究结果为采用戊唑醇预防腐烂病提供了有价值参考。孙芹等（2020）测试了烯肟菌酯与氟环唑、咪鲜胺对苹果主要病害的协同增效作用，研究发现烯肟菌酯与氟环唑混配防治苹果树腐烂病增效作用明显，可有效降低新杀菌剂的抗性风险，为混剂开发和生产用药提供了科学依据。

（4）病原菌抗药性。苹果树腐烂病菌抗药性问题得到科研人员的广泛关注，黄丽丽课题组用 2 株不同地理来源的苹果树腐烂病菌（VM09 和 VM01）对甾醇生物合成抑制剂（SBIs）类杀菌剂的交互抗药性及生物适合度进行了测定，研究发现 2 株病菌对 SBIs 类杀菌剂苯醚甲环唑、戊唑醇、抑霉唑的敏感性存在显著差异，表明腐烂病菌对检测药剂存在正交互抗药性，而对苯并咪唑类杀菌剂甲基硫菌灵不存在交互抗性。同时，2 株腐烂病菌的生物适合度也发生了明显变化，表现为生长速率、繁殖体数量、菌丝干重以及对 NaCl 的渗透敏感性存在显著差异，但致病力无明显差异，说明对 SBIs 类杀菌剂敏感性降低的腐烂病菌菌株，其生物适合度发生了明显变化，这在一定程度上增加了其适生性（刘召阳等，2020）。刘向阳（2020a、2020b）测试了分离自陕西省洛川县的 10 株腐烂病菌菌株对 3 种杀菌剂的敏感性，发现 10 个菌株对苯醚甲环唑均未产生抗药性，有 1 株菌株对戊唑醇产生了抗药性，而 10 个菌株均对嘧霉胺产生了抗药性，为生产上防治苹果树腐烂病药剂筛选提供了有价值的参考。

2. 苹果轮纹病

（1）病害防治。对于苹果轮纹病的防治主要集中在天然产物提取、抑菌效果测定及化学药剂筛选等方面。谷晓杰等（2020）测定了 17 种植物提取物和反式茴香脑对苹果轮纹病菌的抑制效果，发现八角茴香提取物及反式茴香脑对苹果轮纹病菌有明显的抑制作用，其 EC_{50} 值低于 0.265 克/升。此外，三七、银杏、五味子 3 种中药提取物对苹果轮纹菌也有一定的抑制作用，当浓度为 0.25 克/升时，三七和五味子提取物的抑菌率分别为 97.55% 和 86.27%（侯晓杰等，2020）。芦站根等（2020）测试了苍耳的 4 种溶剂提取物对苹果轮纹病菌的抑制效果，其中乙酸乙酯提取物对轮纹病菌的抑制率最高为 65.41%，丙酮和乙醇次之，而甲醇提取物的抑菌率最低为 53.5%。岑波等（2020）以天然产物 α-蒎烯为原料，合成了 9 个新型 α-蒎烯基苯磺酰胺类化合物，在 50 微克/毫升浓度下，各化合物均对苹果轮纹病菌有一定的抑制活性，其中化合物 α-蒎烯基 p-氯苯基磺酰胺和 α-蒎烯基 o-硝基苯基磺酰胺对轮纹病菌的抑制率分别为 83.9% 和 79.6%，优于阳性对照百菌清（75.0%）。此外，白鹏华等（2020）测定了四霉素对苹果轮纹病菌的抑制效果，发现 0.3% 四霉素水剂对轮纹病菌具有较强的抑菌活性，EC_{50} 值为 4.52 微克/毫升。

为筛选防治苹果轮纹病的杀菌剂，李晶等（2020）测试了 10 种低毒杀菌剂的室内毒力，结果表明，50% 多菌灵可湿性粉剂、70% 甲基硫菌灵可湿性粉剂和 10% 苯醚甲环唑水分散粒剂对苹果轮纹病菌的毒力较强，其 EC_{50} 值分别为 194.76 毫克/升、200.72 毫克/升和 246.38 毫克/升。范昆等（2020）等测定了丁香菌酯、辛菌胺单剂以及不同比例的混配制剂对枝干病害轮纹病和腐烂病的田间防效，研究发现：两者配比为（1∶5）～（1∶15）时，对腐烂病菌防效的增效作用显著。两者配比为（1∶10）～（1∶25）时，对轮纹病防效的增效作用显著。表明丁香菌酯、辛菌胺的混配制剂可作为苹果枝干病害的有效防治药剂。

（2）寄主抗病机制。张彩霞等（2020）为鉴定不同抗性苹果品种响应轮纹病菌胁迫的抗性相关差异表达蛋白，以抗病品种华月及感病品种金冠为试材，采用高通量同位素标记定量（IBT）技术结合液相色谱-质谱（LC-MS）联用技术，对病原菌处理前后抗、感病品种叶片的蛋白质组差异表达进行分析，共鉴定出 171 个差异表达蛋白（DEPs）。蛋白功能注释分析表明，46 个 DEPs 注释于 7 类抗性相关蛋白，包括类甜蛋白、过氧化物酶、多酚氧化酶、过敏原蛋白、几丁质酶、内切葡聚糖酶以及主乳胶蛋白，此外还对抗性相关蛋白的表达特点及基因表达特性进行了分析，该研究结果为进一步解析抗、感病苹果品种应答轮纹病菌胁迫的抗性机制提供了参考依据。

3. 苹果炭疽叶枯病

（1）致病机理。徐杰等（2020）解析了苹果炭疽叶枯病菌结合蛋白 GTPBP1 的功能，研究发现该蛋白定位在细胞质中且呈点状分布，在菌体各个发育阶段都有表达，其中分生孢子阶段表达量最高。编码该蛋白的基因敲除后，炭疽叶枯病菌致病力丧失，孢子形态畸形，且参与氧化胁迫和离子胁迫的应答反应。徐杰对 T-DNA 插入突变体库中的 A1860 菌株进行培养和致病性鉴定，发现该突变体插入的位置影响了 *GTPBP1* 基因的表达，证明 *GTPBP1* 基因为致病相关基因。

张俊祥等研究表明 *CgCMK1* 具有调控病菌分生孢子产量、附着胞形成、氧化胁迫应答及致病性等功能。

（2）病害防治。任善军等（2020）总结了苹果炭疽叶枯病的识别与安全防治技术。张雪丹等（2020）针对嘎拉苹果炭疽菌叶枯病危害严重、防治难度大的问题，通过多年试验，研究出了一套"农业防治＋药物防治"的综合防治技术，防治效果达到 99.98%，优质果率达到 83%。

4. 其他苹果叶部病害　陈军民等（2020）调查了渭北长武典型早期落叶病、褐斑病、斑点落叶病和疫腐病等的发病趋势，发现疫腐病近年发生呈上升趋势，已成为困扰长武果业生产的重大问题之一，严重威胁着苹果产业发展。乔社茹等

（2020）总结了苹果斑点落叶病、苹果锈病等几种重要的叶部病害的发生危害、识别症状以及防治方法。上述研究为苹果叶部病害的防治提供了参考。

5. 苹果病毒病

（1）病害防治。杨莺（2019）采用输液滴干、环施和喷雾3种方法并施用6%寡糖·链蛋白、2%吗啉胍·铜和10%利巴韦林3种药剂对苹果花叶病毒的防控效果进行比较，结果表明，与环施和喷雾药剂处理相比，输液滴干能够显著提高果实品质。胡慧等（2019）总结了苹果病毒病的防治方法，如栽植无病毒苗木、采取农艺措施和药剂防治等以及利用热处理、茎尖培养、茎尖培养结合热处理、微体嫁接离体培养、化学脱毒和超低温等脱毒技术。

（2）病害检测体系的建立。谭嘉琦等（2020）经基因克隆测序后发现ASGV中国株系外壳蛋白基因含有714个核苷酸，编码表达由237个氨基酸残基组成的$27×10^4$道尔顿的蛋白。基于血清学检测，发现陕西苹果主产区ASGV发生普遍，而茎尖培养结合热处理可以有效脱除苹果材料中的ASGV。李正男等（2020）采用RT-PCR方法对从内蒙古呼和浩特地区采集的29份表现花叶症状的海红果（*Malus micromalus* Makino）叶片样品进行了ApNMV的检测，ApNMV的检出率为100%，说明ApNMV在呼和浩特地区表现花叶症状的海红果上普遍发生。董云浩等（2020）简要概述了我国苹果病毒的发生危害特点、检测方法，详细给出了规范的样品采集、处理、总RNA提取、RT-PCR参数、检测引物、对照设置及检测结果判别的技术方法。杨光（2020）报告了陕西首个果树苗木企业果树病毒检测实验室在杨凌建成并投入使用。蒋东帅等（2019）采用RT-PCR检测技术，研究了在不同月份采集果树不同组织部位，带毒样本在不同温度下保存的不同时间，结果表明：10月采样进行ASSVd、ACLSV、ApMV、ASPV的RT-PCR检测，与其他时期相比检出率相对较高，以冠层下部1年生枝皮顶梢为材料对4种病毒进行RT-PCR检测，与其他组织部位相比检出率相对较高。4月采样进行ASGV的RT-PCR检测，检出率相对较高，冠层上部1年生枝皮顶梢较其他组织部位检出率高。1年生枝皮样本在4、25℃保存对RT-PCR检测影响相对较小。保存1天和3天，3棵树5种病毒的检测结果均为阳性；4℃条件下保存5天，除ApMV，其他4种病毒3棵树检测结果均为阳性；保存7天及以上多数病毒在测试温度下（0、4、25、37℃）检测结果为阴性。

（3）无毒苗木繁育体系的建立。张健等（2020）阐述了茎尖培养、微体嫁接、热处理、化学处理和超低温处理病毒脱除技术，分析了各方法的优点与弊病以及适合其脱除病毒的种类，为我国苹果病毒脱除研究提供了参考。王敏瑞（2019）以苹果嘎拉单感ASGV和无毒试管苗为试材，用小滴玻璃化（droplet-vitrification）保存茎尖，以单感 ASGV 的苹果嘎拉试管苗为试材，成功建立了热处理结合小滴玻璃化法茎尖超低温疗法脱除 ASGV 的技术。用免疫组织化学法对 ASGV 在嘎拉和瑞雪茎尖的定位表明，ASGV 可感染两个苹果品种的顶端分生组织和幼嫩叶原基。随着热处理周数的增加，茎尖顶端分生组织的无毒区明显扩大。郭苗（2020）用热处理脱毒将接种好的 L7 组培苗先在室温下培养 1 周之后分别进行 25、30、35、40、45 天的变温热处理，结果表明热处理 30 天时 L7 组培苗生长效果最好，通过检测 L7 茎尖锈果病毒的脱除效果得出适宜 L7 脱毒的热处理时间为 35 天，褪黑素浓度为 25 微摩尔/升时 L7 组培苗生长状况最好，且脱毒效果最好。

（4）病毒生物学特性、分子变异及基因功能研究。孙平平等（2019）利用 RT-PCR 结合 cDNA 末端快速扩增（RACE）技术获得了 ASPV 内蒙古金红苹果分离物（ASPV-NM）的全长基因组序列（登录号为 MK239268）。该分离物基因组除去 Poly A 尾共有 9 286 个核苷酸，与 17 个已经报道的 ASPV 分离物全长基因组序列核酸一致性为 70.6%～79.2%；基于全长基因组、RNA 依赖的 RNA 聚合酶基因和外壳蛋白基因分别将分离物 ASPV-NM 划分到组Ⅲ、组Ⅲ和组Ⅰ；在 ASPV-NM 基因组中检测到 1 个显著的重组事件；将 ASPV-NM 摩擦接种到西方烟 37B 上，可引起显著的褪绿黄化症状，利用透射电子显微镜可以观察到典型的病毒粒子。王潇等（2020）利用 RT-PCR 从苹果寄主上克隆了苹果茎沟病毒外壳蛋白基因，序列测定后构建了原核表达载体 pET30a（＋），转化大肠杆菌（Escherichia coli）进行原核表达，通过比较苹果茎沟病毒外壳蛋白基因核酸序列，分析并预测苹果茎沟病毒外壳蛋白的结构和性质。ASGV CP 是由 237 个氨基酸残基组成的 27 130 道尔顿蛋白，等电点（PI）为 7.67 的疏水性非跨膜蛋白，二级结构由 7 个 α-螺旋，5 个 β-片层和无规则卷曲构成，三级结构由于缺少同源蛋白而无法预测。

6. 苹果再植病害 马志婷等（2020a、2020b）对苹果树枝和壳聚糖改性生物炭进行了表征，确定了生物炭的最佳用量和吸附时间。高腾腾等（2020）研究发现，土壤中添加多巴胺（100 微摩尔/升）促进了幼苗生长，改变了植物体内矿质元素的积累，提高了转化酶、脲酶、蛋白酶和磷酸酶的活性，改变了土壤细菌和真菌群落的组成。苹果植株中 *MdTYDC* 的过度表达减轻了苹果再植病害的影响。盛月凡等（2020a、2020b）研究表明，土壤性质对苹果再植病害的发生程度有明显影响，溴甲烷熏蒸与再植处理的生物量差异显著，其中黏质壤土的生物量差异最大，沙质壤土次之。壤土中的苹果连作障碍最严重，其次是沙壤土和壤土。研究发现，1 克/千克晶体石硫合剂熏蒸可显著降低连作土壤中有害真菌尖孢镰孢菌数量，优化土壤微生物群落结构。不同浓度的棉隆熏蒸均能促进连作土壤中平邑甜茶幼苗的生长，其中以 2 克/千克处理的效果最显著。硫黄对改善连作土壤环境及促进平邑甜茶幼苗的生长具有良好的效果，以 0.3 克/千克的促进效果最为显著（姜伟涛等，2020a、2020b、2020c）。施入苹果发酵产物促进了平邑甜茶幼苗根系的生长，提高了平邑甜茶幼苗的生物量，提高了连作土壤主要酶的活性，改善了连作土壤中微生物群落结构，显著降低了连作苹果土壤中 4 种病原菌的基因拷贝数（杜文艳，2020；杜文艳 等，2020）。使用容器苗进行苹果再植，幼树生长状况良好，与对照（裸根苗）相比，再植容器苗幼树的株高、地径、鲜重和干重以及根系构型参数（根长、根表面积、根体积）均显著增加（苏厚文，2020）。乔鈜元（2020）研究发现，1 克/千克的生石灰与 1 克/千克的过磷酸钙混施最为明显地改善了土壤中微生物环境，添加生石灰、草木灰和生石灰与过磷酸钙混合物均可有效提高主要土壤酶活性。王义坤（2020）发现施加圆弧青霉 D12、草酸青霉 A1、哈茨木霉 3 种菌肥后连作土壤中真菌数量较连作对照显著下降，而细菌数量显著上升，其中施加哈茨木霉的处理表现最好。3 种菌肥还显著提高了土壤酶活性，降低了根皮苷等土壤酚酸含量。

董燕红等（2020b）建立了尖孢镰刀菌 T-DNA 插入突变体库，并对部分表型和致病性有明显改变的突变体进行了插入位点旁侧序列分析。

7. 苹果果实病害

（1）苹果果实轮纹病、炭疽病。苹果果实轮纹病和炭疽病是传统的病害，在幼果期可以侵染，但在生长后期才发病。套袋技术的推广有效控制了这两类病害的发生，苹果落花后到套袋前是这两种病原菌侵染的时期。防治轮纹病和炭疽病的化学药剂种类繁多，由于受药品特性和用药技术的影响，药效参差不齐，但一般认为三唑类内吸剂与保护性杀菌剂的复配制剂效果为佳。祁高展等从大蒜鳞茎浸提液中提取出 6 种活性成分，其中，二烯丙基三硫化物、二甲基二硫醚、二烯丙基二硫化物、苯甲酸乙酯以及二烯丙基一硫化物对苹果炭疽病菌均具有抑菌活性，二烯丙基三硫化物和二甲基二硫醚的抑菌活性最强。

（2）苹果黑星病。岳德成等对平凉地区苹果黑星病的发生情况进行了调查，总结分析了苹果黑星病在平凉市的发生特点，提出了绿色防控技术体系。邢维杰等对新疆塔城苹果黑星病的发生情况进行了调查，发现春季降水频繁，黑星病普遍发生，其中新帅苹果园发生比较严重，提出在提高果园管理水平和选择新疆野苹果作砧木建园基础上，可采用化学防治控制苹果黑星病的发生。

（3）霉心病。该病在北斗、早熟富士、红元帅等品种严重发生，在富士品种也发生很重。该病害病原菌种类多样，主要种类已经基本明确，但在各地可能存在种类差异。以前认为侵染时期主要集中在开花前后，但近两年研究发现花柱缝为霉心病侵染的主要通道。防治上，我国生产上多采用多抗霉素在开花后进行防治，根据最新成果建议全生育期控制病原数量。Dai 等基于绿色荧光蛋白（GFP）报告菌株分析了粉红聚端孢侵入苹果心室引致霉心病的侵染路径，证实病菌花期定殖后，通过花柱缝侵入萼心间潜伏，在果实近成熟期进一步扩展侵入心室。张建超基于电子鼻技术构建出健康果和霉心病果的判别模型，基于漫透射和漫反射光谱检测技术构建不同等级霉心病果的判别模型，提出漫透射光谱更适合建立苹果霉心病无损检测模型。谢小强等调查发现元帅、红星、新红星等元帅系品种苹果霉心病发病较重，金冠、富士、秦冠等发病较轻。花期阴雨天数多、降水量大、采收过晚发病率高，果园管理差、结果过量、树势衰弱的发病重。张建超提出了结合清园清除病枝残果，喷施3～5波美度石硫合剂，杀灭越冬病菌（以花芽露红期为最佳）的防治方案。

（4）黑点病。该病是苹果推广套袋技术后出现一种的病害，症状有黑斑型、黑点型、红点型等。其病原菌种类多样，涉及粉红聚端孢、点枝顶孢、柱盘孢霉和茎点霉、链格孢等。该病的发生需要高温、高湿的特殊环境，其发生规律还不清楚。

（5）煤污病。套袋保护对多种煤污病菌防治效果较好。在我国由于套袋技术的普遍推广，生产上危害程度不高，但是，随着脱袋技术的推广，多地煤污病逐渐加重，重新成为生产上的主要问题之一。

（6）花脸病。该病是由类病毒引起的系统性病害，近年来呈上升蔓延之势，目前有关该病害的发生规律还不清楚，也缺乏有效的防治措施，近几年在我国苹果主产区有迅速蔓延趋势，需要高度重视。Hu 等首次报道苹果上的胶木病毒 apple rubbery wood virus 2（ARWV-2）可引起锈果。Jiao 等基于 CRIPSR/Cas12a 体系开发了一套苹果病毒、类病毒检测体系，该体系结合运用反转录重组聚合酶扩增（RT-RPA）和 CRISPR/Cas12a，无须特殊设备，即可实现病毒的快速检测。作者开发了苹果坏死花叶病毒、苹果褪绿叶斑病毒、苹果茎沟病毒、苹果茎痘病毒、苹果锈果类病毒的快速检测体系，系统检测灵敏度与 RT-PCR 相当，但 1 小时即可完成，有便捷、迅速的优势。袁高鹏发现过氧化物酶、肉桂醇脱氢酶、莽草酸-羟基肉桂基转移酶可能直接参与木质素的生物合成，进而导致果锈的形成。

（7）褐斑病。该病主要侵染苹果叶片，同时也可以侵染果实，造成采前及采后果实褐斑病症状。加强田间防治是控制其采后出现病害的主要手段。

（8）采后病害。Chen 等研究了褪黑素抑制苹果采后腐烂的效应和机制，发现褪黑素能调控活性氧，降低腐烂率。郭洁心等通过固相微萃取-气相色谱质谱联用仪对解淀粉芽孢杆菌（*Bacillus amyloliquefaciens*）XJ5 菌株产生的挥发性物质进行检测，发现主要挥发性物质为十二醛，具有抑菌活性的挥发性物质主要为 2-壬醇、2-乙基己醇和 2-十一醇，其中 2-壬醇抑制苹果褐腐病菌的 EC_{50} 为 3.43 微克/毫升。Qiao 等比较了乳杆菌和双歧杆菌对苹果展青霉的抑菌作用，并对两者产生的活性代谢物进行了研究。

（二）苹果虫害

随着全球温室效应的加剧以及国际、地区间水果贸易的日益便捷和频繁，许多昆虫的活动北界呈逐年向北扩展的趋势。目前国内在苹果作物有效登记注册的杀虫剂有 849 种、杀螨剂有 249 种，尽管高毒产种已经不准使用，但从这么多种产品中选择出对果园防控靶标害虫真正高效低毒且对天敌安全的种类，对果农来说难度太大，真正做到害虫化学防控与生物防控协同，还有很长的路要走。

对于占我国苹果面积 70% 左右的富士品种种植者，套袋栽培目前仍然是最具中国特色的主流模式。尽管由于成本等原因无袋栽培的呼声很高，但敢于尝试者凤毛麟角，特别对于一家一户的小规模果农来说，套袋是解决食心虫、果实轮纹病、炭疽病等果实重要病虫害的主要手段，是提高果实外观商品性和降低果品农药残留的主要抓手，也是我国苹果能够进入国际市场的核心竞争力所在，不敢轻言放弃。对于初具规模的现代矮密栽培模式的国内苹果种植大户来说，多数仍然采用套袋模式，只是对无袋栽培的技术需求更紧迫而已。蚜螨类、卷叶蛾、潜叶蛾类害虫是当前防控的主要对象，按防治历定期喷药是普遍采用的基本防控形态。为了提高防控效果，一次喷药多种药剂混用、盲目加大剂量的现象依然非常普遍，造成果园天敌控害作用式微，害虫抗药性增强，二斑叶螨在一些果区对大多数杀螨剂已经产生极高抗性，用药成本居高不下。套袋前过度用药造成果锈在一些产区问题突出，下一步应大力加强绿色防控技术的研发与示范推广力度。各主产区大部分果园由于天敌匮乏导致生态脆弱，对入侵害虫的抵抗能力小，对于苹果蠹蛾、橘小实蝇等入侵害虫应高度关注，特别是橘小实蝇 2020 年在云南苹果产区、黄河故道产区扩散危害已经形成蔓延之势，在山东、河北多地呈零星发生状态。绿盲蝽、蓟马、棉铃虫等害虫在苹果园近年来有加重发生的趋势，增加了害虫防控的压力。

通过田间及室内试验，筛选出了苹果园应用的防控其他对象的优选药剂品种。叶螨类可选用联苯肼酯、腈吡螨酯、螺螨酯等，卷叶蛾类可选用甲氧虫酰肼、虫酰肼，潜叶蛾类可选用氯虫苯甲酰胺、灭幼脲 3 号，食心虫类可选用氯虫苯甲酰胺、联苯菊酯，介壳虫类可选用噻嗪酮、螺虫乙酯，绿盲蝽可选用联苯菊酯、噻虫嗪等。这些药剂的推广应用，将大大优化苹果园害虫防控的用药结构。国内学者通过液相色谱-质谱联用技术分析了吡虫啉、啶虫脒和噻虫嗪在苹果不同部位的代谢情况，发现烟碱类药剂在果实中的代谢时间最长。

张金勇教授团队今年对复合诱杀技术进行了进一步优化：对诱杀器装置不断试验改进，设计制作完成最新型号产品，具有轻便、结实、易组装的特点，并可以多年连续使用；诱杀器涂抹药膏的配方也基本定型，具有触杀害虫高效、持效期长、用量省等优点，一次涂药可以维持 2 个月的田间杀虫效果；根据不同果园诱杀防控的对象不同，在多个试验站进行了不同组合的诱杀试验示范，普遍反映效果良好。目前利用诱杀器开展的防控对象有桃小食心虫、梨小食心虫、苹果蠹蛾、苹小卷叶蛾、金纹细蛾、橘小实蝇、绿盲蝽等 7 种。此外，针对橘小实蝇迷向剂进行了配方优化、散发器改进，开发出持效期达到 3 个月的橘小迷饵。分别在郑州郊区、新乡基地及原阳县、商丘示范基地和云南红河州等地进行示范防治，示范面积达到800 亩，迷向率 3 个月内达到 95% 以上，在面积较大的情况下，虫果率可降低80% 以上，如果果园面积小，受到外围虫源入侵影响，防效下降显著。通过集成示范，总结提出害虫防控技术规范顺口溜：黄蚜指标要放宽，天敌作用非等闲；绵蚜根颈来施药，树上免喷虫无踪；害螨防控药选对，生化协同最关键；桃梨苹金加蠹蛾，鳞翅害虫一器杀，橘小盲蝽诱芯加，防控效果照样佳，复合诱杀真神器，高效低本又环保；农残标准超欧盟，脱袋栽培又何妨；果虫防控新规程，大伙合力来推行。

1. 黄蚜 张金勇教授团队通过对郑州、新乡、三门峡等地黄蚜种群的室内毒力测定试验，筛选出氟啶虫胺腈、噻虫啉、吡虫啉、啶虫脒等 4 种药剂对黄蚜表现高毒力，稀释浓度为 10 毫克/升时的致死率均高达 90% 左右，比实际登记推荐使用浓度均低了数倍。建议在蚜虫大发生需要及时防控时采用高效药剂精准低剂量喷雾，迅速压低虫口密度的同时降低了药剂对瓢虫等天敌的伤害，起到与天敌的协同控制效应。

2. 绿盲蝽 通过筛查绿盲蝽对果园常用杀虫剂的敏感性差异，发现烟碱类药剂的毒力要低于菊酯类和有机磷类。针对绿盲蝽在苹果园危害加重问题，从降低绿盲蝽越冬基数考虑，通过诱杀绿盲蝽雄虫，减少雌虫交配机会，从而达到防控绿盲蝽为害的目的。张金勇教授团队对诱杀器每亩地设置数量、诱杀器悬挂高度、诱杀器颜色形状等几个方面进行了试验观察，从 7 月 20 日处理到 11 月底结束的 4 个多月时间内，中间更换性诱芯 1 次，每周调查 1 次诱虫量，调查结果表明：每亩 3个、6 个、9 个诱杀器的平均累计诱虫量分别是 367 头、910 头、1 053 头，考虑成本因素，每亩 6 个较为适宜；诱杀器悬挂高度 1 米、1.5 米、2 米的平均单周诱虫数分别是 5.3 头、6.7 头、7.0 头，建议悬挂高度 1.8 米为宜。

3. 二斑叶螨 张金勇教授团队通过比较 14 种果园常用杀虫剂对二斑叶螨的药效试验，发现各地二斑叶螨的抗药性差异显著，抗性积累严重。对果园害虫的防控，应酌情因地制宜、因虫施药、轮换复配来减少害虫害螨的抗性发展。

4. 潜叶蛾类 利用植物挥发性有机物防控害虫的手段，具有绿色环保、无残留等诸多优点。研究人员利用苹果园中间作能挥发芳香族挥发物的植物，来调控潜叶蛾类害虫的发生。显花植物的挥发物能够吸引到更多的寄生性天敌昆虫，并且在潜叶蛾降落到间作植物上时，增加了寄生蜂的寄生效率，从而达到减少潜叶蛾危害的目的。

5. 橘小实蝇 橘小实蝇在国际上属于检疫性害虫，在我国的自然越冬临界区包括上海、江苏、安徽、湖北、湖南、贵州。目前，未见有橘小实蝇能够在河南、山东、河北和北京等北方省市自然越冬的报道。但橘小实蝇在苹果上的危害日渐严重，这不得不引起我们的重视。应当尽早明确该虫在我国北方地区的危害、传播途径及是否有在自然界越冬的现象。

景田兴（2020）研究了橘小实蝇细胞色素 P450 亚家族 CYP4G，探索该家族是否影响橘小实蝇对干燥环境下的适应能力对揭示其快速扩张的机制以及制定相应的防控策略等提供重要的参考。吴建等（2018）测定了与橘小实蝇气味结合蛋白 BdorOBP1 结合强烈的 8 种寄主植物挥发物（β-紫罗兰酮、乙酸异戊酯、罗勒烯、苯乙醇、乙酸乙酯、乙酸叶醇酯、乙酸丁酯、苯甲醛）及其混合物对不同发育期橘小实蝇的引诱效果，其中混合 500 微升/毫升乙酸乙酯和 20 微升/毫升乙酸叶醇酯对橘小实蝇雌成虫的引诱效果最强。林涛等（2019）利用免疫组织化学染色结合激光共聚焦成像和三维重建技术研究了橘小实蝇视叶的结构特征和 5-羟色胺（5-HT）能神经元在视叶内的分布模式，发现橘小实蝇视叶由神经节层、视髓、副视髓、视小叶和视小叶板 5 个部分组成，视髓呈现分层现象，研究还发现橘小实蝇雌成虫视髓的体积显著高于雄虫的视髓，这为未来研究视叶对光信号处理的神经机制及阐明 5-羟色胺对视觉感受的调控机制奠定了解剖学基础。

陈瑶瑶等（2020）研究了 *Fruitless* 基因在橘小实蝇求偶和交配行为中的作用，下调 *Fruitless* 基因的表达，可以抑制橘小实蝇的交配行为。袁瑞玲等（2020a、2020b）利用细菌表达 dsRNA 介导橘小实蝇 *Flightin* 基因的 RNA 干扰，通过饲喂橘小实蝇表达 Flightin-dsRNA 的大肠杆菌达到干扰 *Flightin* 基因的表达，但结果并不理想，有待进一步研究确定其可行性。张迎新等（2020）克隆了肽聚糖识别蛋白基因 *BdPGRP-SB1* 全长 cDNA 序列，并研究其在橘小实蝇免疫中的作用，BdPGRP-SB1 参与革兰氏阴性细菌的识别过程以及 Imd 途径调控其免疫反应。

（1）化学防控。李建瑛等（2020）针对山东省曲阜市的橘小实蝇卵、幼虫和成虫采用药液定量滴加法、连续浸药法和药膜法的方法测定高效氯氰菊酯、甲维盐、毒死蜱、啶虫脒、氰虫酰胺、噻虫嗪共 6 种杀虫剂的室内毒力，测定结果显示：甲维盐和毒死蜱对橘小实蝇 3 个虫态的毒力均最大；氰虫酰胺对橘小实蝇幼虫毒力较大，但对成虫和卵毒力较小；啶虫脒对橘小实蝇 3 个虫态的毒力均较低。郭峰（2020）主要通过药膜法和喷雾法，利用植物源提取物的挥发性开展对橘小实蝇成虫的毒杀试验及产卵趋避试验，在室内测定了 10 种植物精油对橘小实蝇的毒杀和产卵趋避活性。

吴剑光等（2015）使用橘小实蝇的引诱剂甲基丁香酚与杀虫剂按 10∶1 的比例混合，其中敌敌畏的诱杀效果最佳，马拉硫磷诱杀效果明显优于氯氰菊酯和氯氟氰菊酯两种杀虫剂。朱玲珑等（2020）以辽细辛提取物防治阳桃园内的橘小实蝇，辽细辛提取物对橘小实蝇成虫有强烈的引诱作用，可有效降低阳桃园橘小实蝇成虫种群数量。

（2）生物防治。章玉苹等（2010）探究了球孢白僵菌（*Beauveria bassiana*）B6菌株对橘小实蝇的控制作用，一定浓度白僵菌孢子悬浮液（$1×10^8$ 孢子/毫升）在室内对橘小实蝇刚羽化的成虫致死率可达 100％。袁盛勇等（2010）研究了球孢白僵菌 MZ 050724 菌株 $3.6×10^5$～$3.6×10^8$ 个/毫升 4 个分生孢子浓度对橘小实蝇室内致病力测定，在分生孢子浓度为 $3.6×10^8$ 个/毫升时成虫死亡率最高达 91.56％，幼虫死亡率最高达 93.59％，蛹死亡率最高达 78.36％。

范一霖等（2012）测定了橘小实蝇幼虫生长发育过程中血淋巴蛋白种类和血细胞的变化以及前裂长管茧蜂的寄生行为对橘小实蝇幼虫各项生理指标的影响，发现寄生作用可以影响寄主的生长发育、历期变化以及营养代谢的变化。赵海燕等（2019）研究了前裂长管茧蜂对橘小实蝇 3 种农药不同抗性品系的行为反应和寄生情况以及前裂长管茧蜂在橘小实蝇 3 种农药不同抗性品系上的幼虫发育历期，发现橘小实蝇不同抗性品系不影响前裂长管茧蜂的寄主选择，但可以显著影响雄蜂的幼虫发育历期。梁广勒等（2008）以钴（^{60}Co）的不同剂量，对橘小实蝇的蛹进行不育辐照对比测定，发现 95 戈瑞剂量下橘小实蝇羽化出的雄成虫可有效不育。

（3）抗药性研究。陈朗杰等（2015）比较研究了橘小实蝇抗敌百虫品系的实验种群生物学特性，发现在敌百虫的选择压力下，橘小实蝇抗药性品系的世代周期、中抗品系卵的孵化率和蛹的羽化率显著降低。抗性品系的繁殖力和种群世代增长量受到抑制，以中抗品系更为明显，但与敏感品系相比，抗性品系种群增长潜力更大。

姚其等（2017）研究高效氯氰菊酯不同汰选频度对橘小实蝇高抗品系抗药性发展动态的影响，采用药膜法进行抗药性汰选和毒力测定，获得致死中浓度抗性倍数，分析抗性发展动态与汰选间隔时间的关系，得出使用高效氯氰菊酯防治橘小实蝇的间隔时间要在 90～100 天以上，间隔时间越长橘小实蝇抗药性降低越明显，抗性治理效果就越好。

（4）检测技术与综合防治。高雪萌等（2016）建立了橘小实蝇蛋白质双向电泳体系，可在口岸检疫中用于鉴定橘小实蝇。刘东亮等（2018）提出苹果橘小实蝇的综合防治策略：①加强检疫，从橘小实蝇危害地区运输水果时应严格检查，防止传播扩散；②及时采摘和销毁被害果实，可采用水浸（8天）、深埋（45厘米以上）、焚烧（1小时以上）和水烫（2分钟）等方法杀死果实内幼虫；③性诱剂诱杀成虫，雄成虫对引诱剂诱蝇醚敏感，从挂果初期开始，悬挂诱捕器；④果实稍大后采用套袋防虫；⑤土壤处理，可喷施50%辛硫磷至将表土层喷湿为止，杀死表土层的老熟幼虫和蛹；⑥化学防治，树冠喷毒死蜱加3%红糖，也可用甲基丁香酚诱杀成虫。郭峰（2020）利用光学试验的方法研究了14种不同单色光波与不同光源距离对橘小实蝇成虫趋光行为的影响，筛选出橘小实蝇成虫最喜好的光波为520纳米和540纳米。同时，研究了单用杀虫灯、单用引诱剂、杀虫灯与引诱剂组合使用的3种方法诱捕橘小实蝇，其中运用杀虫灯与甲基丁香酚实蝇诱捕器可以提高橘小实蝇成虫诱捕总量。

6. 瓜实蝇 李磊等（2019）评估了瓜实蝇对39种寄主的适应度，39种寄主涵盖了18科，结果显示瓜实蝇对不同寄主的适应度有明显的差异，表现为在嗜好寄主上的高产卵量和高存活率，而对普通寄主的寄生表现则相对复杂，产卵量及存活率无规律可循。姜建军等（2019）研究了瓜实蝇热激蛋白Hsp90在其对环境温度适应性及抗药性过程中的功能作用，32~40℃高温胁迫瓜实蝇1小时和2小时，其体内Hsp90表达量均显著高于对照，同时阿维菌素长期筛选后的瓜实蝇RS品系 *BC-hsp90* 基因相对SS品系表达量上调了2.13倍，推测 *Bc-Hsp90* 在瓜实蝇耐热性和抗阿维菌素过程中起重要作用。张亚楠等（2018）通过微卫星分子标记分析了中国南方7省21个地区瓜实蝇种群的遗传多样性，推测瓜实蝇在中国是比较年轻的物种，入侵定殖时间较短，积累的变异程度有限。

（1）化学防治和生物防治。唐锷等（2020）利用不同药剂对瓜实蝇进行田间防效试验，发现2%苦参碱水剂1 000倍液加黄板和2.5%高效氯氟氰菊酯乳油800倍液加黄板，在田间对瓜实蝇的防治效果最好。苦参碱药剂为生物源农药，生产中应首选2%苦参碱防治瓜实蝇。李磊等（2020）比较研究蝇蛹佣小蜂与蝇蛹金小蜂对瓜实蝇的控制潜能，发现：土壤厚度显著影响2种寄生蜂的寄生效能，随着土壤厚度的增加，2种寄生蜂对瓜实蝇蛹的寄生率均下降，但蝇蛹佣小蜂的寄生率下降更为迅速；蝇蛹佣小蜂可寄生8厘米土壤下的瓜实蝇蛹，而蝇蛹金小蜂在土壤厚度达到3厘米就不能完成寄生。得出蝇蛹佣小蜂较蝇蛹金小蜂更适用于瓜实蝇的生物防治，对瓜实蝇的防治效果更好。

（2）检测技术及综合防治手段。黄振等（2020）应用种特异性PCR（SS-PCR）技术设计种特异性引物仅使瓜实蝇的DNA能在447碱基对位置扩增出明亮条带，可应用于实际进出境果蔬截获和疫情监测的虫样的鉴定。龙艳梅等（2020）针对邵东市危害的瓜实蝇提出的绿色防控技术：①结合农事，搞好田园卫生，及时摘除坏果，定期表层松土和修剪枝叶；②利用性信息素诱杀雄成虫，也可用食源物质阿维菌素浓饵剂、糖醋液、黄板及诱蝇球诱杀；③用 400 亿个菌落形成单位/克球孢白僵菌水分散粒剂 100 克/亩，拌湿润细土（沙）25 千克，撒施于土壤表面，杀灭落地幼虫减少虫源基数，在卵孵盛期用 0.5％苦参碱水剂 500～600 倍液喷施，也可有效减少虫源；④在成虫盛发期，于中午或傍晚喷施 2.5％溴氰菊酯乳油 2 000～3 000 倍液，或 50％辛硫磷乳油 1 000 倍液；在卵孵化盛期，选用 1％甲氨基苯甲酸盐乳油 3 000～5 000 倍液（安全间隔期 7 天）、44％丙溴磷乳油 1 000 倍液（安全间隔期 14 天）或 10％烯啶虫胺水剂 2 000～3 000 倍液（安全间隔期 14 天）喷施。

参 考 文 献

白鹏华，冯友仁，刘宝生，等，2020. 两种生物药剂对苹果病害的室内活性评价 [J]. 天津农业科学，26（2）：46-49.

岑波，李龙生，段文贵，等，2020. 新型 α-蒎烯基苯磺酰胺类化合物的合成及其抗真菌活性 [J]. 合成化学，28（3）：174-180.

陈朗杰，刘昕，吴善俊，等，2015. 橘小实蝇抗敌百虫品系的实验种群生物学比较研究 [J]. 昆虫学报，58（8）：864-871.

陈瑶瑶，古枫，钟国华，2020. *Fruitless* 在橘小实蝇求偶和交配行为中的作用 [J]. 昆虫学报，63（8）：924-931.

董云浩，谢吉鹏，李梦菲，等，2020. 加强果树规范化采样和病毒检测，降低潜隐和危险性病毒对我国苹果产业的危害风险 [J]. 植物保护，46（2）：164-168.

杜文艳，2020. 苹果发酵产物对连作土壤环境及平邑甜茶幼苗生长的影响 [D]. 泰安：山东农业大学.

杜文艳，王玫，闫助冰，等，2020. 残次苹果发酵产物对连作土壤环境及'平邑甜茶'幼苗生长的影响 [J]. 应用生态学报，31（5）：1443-1450.

范仁俊，刘中芳，高越，等，2019. 二十一世纪我国苹果主要害虫的研究现状与展望 [J]. 应用昆虫学报，56（6）：1148-1162.

范一霖，罗丽，曾玲，等，2012. 前裂长管茧蜂寄生行为对橘小实蝇幼虫生理指标的影响 [J]. 环境昆虫学报，34（1）：27-33.

高双，田润泽，刘召阳，等，2020. 戊唑醇抑制苹果树腐烂病菌的形态毒理学研究 [J]. 农药学学报，22（5）：769-774.

高雪萌，夹福先，魏冬，等，2016. 橘小实蝇蛋白质双向电泳体系的建立及在口岸检疫中的运用前景分析 [J]. 西南大学学报，38（5）：19-25.

谷晓杰，安丽，何晓婷，等，2020. 抗苹果轮纹病菌植物筛选及反式茴香脑抑菌机理 [J]. 山西农业大学学报，40（1）：44-50.

郭峰，2020. 橘小实蝇绿色防控技术研究 [D]. 贵阳：贵州大学.

郭洁心，张育铭，朱洪磊，等，2020. 解淀粉芽孢杆菌 XJ5 挥发性物质抑菌活性及对苹果褐腐病防效测定 [J]. 中国生物防治学报，36（4）：575-580.

郭苗，2020. 富士苹果芽变 L7 组培快繁与锈果病毒脱除技术研究 [D]. 保定：河北农业大学.

韩蓓蓓，于慧芹，2019. 江苏丰县地区苹果苦痘病试验研究 [J]. 农民致富之友（7）：149-150.

贺艳婷，郭斐然，吴晓政，等，2020. 矮砧密植果园及苗圃苹果树腐烂病发生特点及绿色防控技术

［J］. 现代园艺, 43 (20): 45 - 46.

洪影雪, 李祥, 张金勇, 2021.14 种杀螨剂对不同地区苹果园二斑叶螨的防治效果评价 [J]. 果树学报, 38 (1): 99 - 106.

胡慧, 弟豆豆, 李裕旗, 等, 2019. 苹果病毒病研究概况和防治技术 [J]. 烟台果树 (4): 5 - 7.

黄振, 郭琼霞, 陈韶萍, 等, 2020. 应用 SS-PCR 技术设计种特异性引物快速鉴定瓜实蝇 [J]. 安徽农业科学, 48 (6): 83 - 86+96.

姜建军, 黄立飞, 黎柳锋, 等, 2019. 瓜实蝇热激蛋白 Hsp90 基因克隆及表达分析 [J]. 应用昆虫学报, 56 (3): 444 - 453.

姜伟涛, 陈冉, 明常军, 等, 2020a. 晶体石硫合剂熏蒸对苹果连作土壤环境及平邑甜茶幼苗生长的影响 [J]. 植物生理学报, 56 (9): 1825 - 1832.

姜伟涛, 陈冉, 王海燕, 等, 2020b. 棉隆熏蒸处理对平邑甜茶幼苗生长和生物学特性及土壤环境的影响 [J]. 应用生态学报, 31 (9): 3085 - 3092.

姜伟涛, 李前进, 王海燕, 等, 2020c. 硫黄对苹果连作土壤环境及平邑甜茶幼苗生长的影响 [J]. 园艺学报, 47 (7): 1225 - 1236.

蒋东帅, 郗娜娜, 杨军玉, 等, 2019. 样本采集及寄送条件对苹果病毒 RT-PCR 检测效果的影响 [J]. 北方园艺 (19): 13 - 20.

景田兴, 2020. 橘小实蝇细胞色素 P450 全基因组注释及 CYP4G 亚家族基因功能研究 [D]. 重庆: 西南大学.

李恩琛, 张树武, 徐秉良, 等, 2020.3 株生防细菌间亲和性测定及其对苹果树腐烂病菌的抑制作用 [J]. 甘肃农业大学学报, 55 (5): 94 - 100.

李建瑛, 刘锦, 迟宝杰, 2020. 不同树种果园橘小实蝇种群动态及六种杀虫剂对其室内毒力测定 [J]. 山东农业科学, 52 (8): 120 - 123.

李磊, 韩冬银, 牛黎明, 等, 2019. 瓜实蝇对 39 种寄主适应度的评估 [J]. 环境昆虫学报, 41 (5): 1057 - 1064.

李磊, 韩冬银, 张方平, 等, 2020. 瓜实蝇 2 种蛹寄生蜂生防潜能比较 [J]. 生物安全学报, 29 (3): 191 - 194+208.

李正男, 张磊, 耿帅鑫, 等, 2020. 内蒙古呼和浩特地区苹果坏死花叶病毒的检测与遗传多样性研究 [J]. 中国果树 (3): 39 - 42+143.

梁广勤, 梁帆, 赵菊鹏, 等, 2008. 橘小实蝇不育技术及应用研究 [J]. 广东农业科学 (5): 60 - 63.

刘东亮, 崔园园, 费得清, 等, 2018. 苹果树橘小实蝇、枝枯病的产生原因及防治措施 [J]. 乡村科技 (36): 81 - 82.

刘少华, 2020.AVG 和 CTM 处理对红星苹果虎皮病的影响 [D]. 泰安: 山东农业大学.

刘向阳, 2020a. 苹果腐烂病菌对 3 种杀菌剂抗药性与敏感性检测 [J]. 落叶果树, 52 (1): 11 - 13.

刘向阳, 李前进, 常爱莉, 等, 2020b. 不同浓度氯化钾对洛川县苹果树腐烂病菌的影响 [J]. 北方果树 (4): 14 - 18.

刘兴禄, 尹晓宁, 孙文泰, 等, 2020. 陇东地区苹果腐烂病发生原因及防控措施 [J]. 甘肃农业科技 (1): 75 - 78.

刘召阳，王帅，高宇琪，等，2020.2株不同地理来源的苹果树腐烂病菌对甾醇生物合成抑制剂类杀菌剂的交互抗药性及生物适合度分析［J］．西北林学院学报（2）：119－124.

龙艳梅，李春艳，2020．邵东市瓜实蝇发生特点及绿色防控技术［J］．湖南农业科学（7）：74－77.

芦站根，2020．苍耳不同溶剂提取物对苹果轮纹病菌的抑制效果［J］．河北果树（4）：21－23.

吕前前，赵兴刚，王东东，等，2020．解淀粉芽孢杆菌BaA－007鉴定及其抑制苹果腐烂病作用分析［J］．园艺学报，47（10）：32－41.

马强，鞠明岫，刘庆岩，等，2020．内蒙古苹果树腐烂病病原菌鉴定［J］．果树学报（5）：714－722.

马荣，王敏，蔡桂芳，等，2020．萎缩芽孢杆菌XW2对苹果树腐烂病的室内防效评价［J］．新疆农业大学学报（2）：108－112.

马志婷，2020．生物炭及壳聚糖改性生物炭吸附根皮苷机理及其应用［D］．泰安：山东农业大学.

牛军强，董铁，尹晓宁，等，2019．生物有机肥对苹果腐烂病防控效应研究［J］．林业科技通讯（12）：37－40.

蒲建霞，2020.7种钙剂防治苹果苦痘病试验［J］．烟台果树（4）：22－23.

祁高展，刘红娜，李贞子，等，2020．大蒜鳞茎浸提液活性成分及对苹果炭疽病菌的抑制作用［J］．河南农业大学学报，54（1）：59－63.

乔鈜元，2020．生石灰等对酸化连作土壤环境及再植苹果植株影响的研究［D］．泰安：山东农业大学.

盛月凡，2020．土壤质地对苹果连作障碍发生程度影响的研究［D］．泰安：山东农业大学.

苏厚文，2020．容器苗对连作苹果幼树影响的研究［D］．泰安：山东农业大学.

孙翠翠，黄彦，闫文晗，等，2020．不同苹果组织对腐烂病菌产生细胞壁降解酶活性和毒素种类及水平的影响［J］．青岛农业大学学报（自然科学版），37（3）：190－194.

孙红云，徐亮胜，冯浩，等，2020．基于MaxEnt模型预测苹果树腐烂病在中国的潜在地理分布［J］．西北农业学报（3）：461－466.

孙平平，鞠明岫，马强，等，2019．苹果茎痘病毒内蒙古分离物基因组序列和生物学特征研究［J］．园艺学报，46（10）：2037－2046.

谭嘉琦，韩秀清，成思琼，等，2020．苹果茎沟病毒外壳蛋白抗体制备与应用［J］．西北农业学报，29（5）：787－792.

唐锷，刘小安，欧阳忠耀，等，2020．瓜实蝇田间综合防治试验初报［J］．上海蔬菜，95（3）：63－64.

王敏瑞，2019．苹果带毒茎尖超低温保存与茎尖超低温技术对病毒脱除和保存效应的研究［D］．杨凌：西北农林科技大学.

王潇，韩秀清，成思琼，等，2020．苹果茎沟病毒外壳蛋白基因的克隆、表达及其生物信息学分析［J］．陕西农业科学，66（4）：4－8.

王雁楠，张玉，赵紫华，2020．六种外来入侵昆虫在我国分布范围及自然越冬北界的预测［J］．植物保护学报，47（5）：1155－1156.

王怡霖，赵涛，孙庚午，等，2020．苹果树腐烂病菌$VmSom1$基因克隆与序列分析［J］．山东农业大学学报（自然科学版），51（5）：785－791.

王义坤，2020．三种菌肥对苹果连作土壤环境及再植平邑甜茶影响的研究［D］．泰安：山东农业大学.

吴剑光，李小健，胡学难，等，2015．几种杀虫剂对橘小实蝇引诱剂诱杀效果的影响［J］．环境昆虫学报，37（6）：1232-1236.

吴健，宋学森，胡碗晴，等，2020.8种寄主植物挥发物对橘小实蝇的引诱作用［J］. 福建农林大学学报，47（6）：655-660.

谢小强，2020. 静宁县苹果霉心病的发生及防治［J］. 北方果树（5）：37-38.

邢维杰，史永清，吴海东，等，2020. 新疆塔城苹果黑星病的发生与防治［J］. 北方果树（3）：31-32.

徐杰，2020. 苹果炭疽叶枯病菌 GTP 结合蛋白 GTPBP1 的功能分析［D］. 北京：中国农业科学院.

薛应钰，李发康，李培，等，2020. 苹果树腐烂病菌拮抗放线菌 JPD-1 的筛选及鉴定［J］. 植物保护学报（1）：134-142.

薛应钰，李兴昱，李发康，等，2021. 苹果树腐烂病生防真菌 Z-12A 的鉴定及其生防效果［J］. 微生物学通报，48（1）：57-69.

杨光，2020. 陕西首个果树苗木企业果树病毒检测实验室建成［J］. 农药市场信息，666（3）：18.

杨莺，2019. 输液滴干对苹果花叶病毒病的防效及果实品质的影响［D］. 邯郸：河北工程大学.

姚其，曾玲，梁广文，等，2017. 高效氯氰菊酯不同汰选频度条件下橘小实蝇高抗品系抗药性发展动态［J］. 环境昆虫学报，39（4）：791-799.

袁高鹏，2020. 苹果果锈形成关键基因筛选及 *MdLIM11* 功能鉴定［D］. 北京：中国农业科学院.

袁瑞玲，郑传伟，冯丹，2020a. 细菌表达 dsRNA 介导橘小实蝇 *Flightin* 基因的 RNA 干扰［J］. 广东农业科学，47（2）：118-123.

袁瑞玲，郑传伟，冯丹，等，2020b. 橘小实蝇 *Flightin* 基因 RNAi 载体构建［J］. 西部林业科技，49（4）：171-175.

袁盛勇，孔琼，张宏瑞，等，2010. 球孢白僵菌 MZ050724 菌株对橘小实蝇的室内致病力测定［J］. 西南大学学报，32（8）：69-74.

岳德成，史广亮，李鹏鹏，等，2020. 平凉市苹果黑星病的发生特点及绿色防控技术［J］. 现代农业科技（18）：118-119.

张彩霞，袁高鹏，韩晓蕾，等，2020. 不同抗性苹果品种应答轮纹病菌胁迫的差异蛋白质组分析［J］. 植物学报，55（4）：430-441.

张建超，2020. 霉心病苹果品质分析及无损检测模型的建立［D］. 沈阳：辽宁大学.

张健，袁嘉玮，王璐，等，2020. 苹果主要病毒脱除技术研究进展［J］. 黑龙江农业科学（8）：125-129.

张俊祥，王美玉，迟福梅，等，2020. 苹果炭疽叶枯病菌 *CgCMK1* 基因的克隆与功能分析［J］. 植物病理学报，50（1）：40-48.

张亚楠，牛黎明，周世豪，等，2018. 基于微卫星分子标记的中国瓜实蝇不同种群遗传分化分析［J］. 昆虫学报，61（5）：613-619.

张迎新，陈冬，张苏芸，2020. 橘小实蝇肽聚糖识别蛋白基因 *BdPGRP-SB1* 的克隆及功能鉴定［J］. 昆虫学报，63（9）：1070-1080.

章玉苹，黄少华，李敦松，等，2010. 球孢白僵菌 *Beauveria bassiana* B6 菌株对橘小实蝇的控制作用［J］. 中国生物防治，26：14-18.

赵海燕，吉训聪，陈海燕，等，2019. 前裂长管茧蜂对不同抗性寄主的寄生特性研究［J］. 广东农业科学，46（11）：98-103.

赵钧，涂洪涛，张金勇，等，2020. 绿盲蝽对果园常用杀虫剂敏感基线与诊断剂量的建立 ［J］. 果树学报，37（12）：1974－1979.

朱玲珑，罗小凤，李丽青，等，2020. 辽细辛提取物对橘小实蝇成虫的引诱作用及田间防治 ［J］. 安徽农学通报，26（17）：105－108.

Abdelfattah A，Whitehead S，Macarisin D，et al，2020. Effect of washing，waxing and low-temperature storage on the postharvest microbiome of apple ［J］. Microorganisms，8（6）：944.

Agirman B，Erten H，2020. Biocontrol ability and action mechanisms of *Aureobasidium pullulans* GE17 and *Meyerozyma guilliermondii* KL3 against *Penicillium digitatum* DSM2 750 and *Penicillium expansum* DSM62 841 causing postharvest diseases ［J］. Yeast，37：437－448.

Antonioli G，Fontanella G，Sérgio E，et al，2020. Poly（lactic acid）nanocapsules containing lemongrass essential oil for postharvest decay control：*in vitro* and *in vivo* evaluation against phytopathogenic fungi ［J］. Food Chemistry，326：126997.

Baek D，Lim S，Ju H J，et al，2019. The complete genome sequence of apple rootstock virus A，a novel nucleorhabdovirus identified in apple rootstocks ［J］. Archives of Virology，164（10）：2641－2644.

Balbín-Suárez A，Lucas M，Vetterlein D，et al，2020. Exploring microbial determinants of apple replant disease（ARD）：a microhabitat approach under split-root design ［J］. FEMS Microbiology Ecology，96：12.

Bhardwaj P，Negi A，Sukapaka M，et al，2020. Production of polyclonal antibodies to the coat protein gene of Indian isolate of apple stem grooving virus expressed through heterologous expression and its use in immunodiagnosis ［J］. Indian Phytopathology，73（3）：165－173.

Cao X，Khaliq A，Lu S，et al，2020. Genome-wide identification and characterization of the *BES1* gene family in apple（*Malus domestica*）［J］. Plant Biology，22（4）：723－733.

Cavael U，Diehl K，Lentzsch P，2020. Assessment of growth suppression in apple production with replant soils ［J］. Ecological Indicators，109：105846.

Çelik A，Ertunç F，2019. First report of prunus necrotic ringspot virus infecting apple in Turkey ［J］. Journal of Plant Pathology，101（4）：1227.

Cordero-Limon L，Shaw M W，Passey T A，et al，2020. Cross-resistance between myclobutanil and tebuconazole and the genetic basis of tebuconazole resistance in *Venturia inaequalis* ［J］. Pest Management Science，77（2）：844－850.

Dai P B，Jiang Y Y，Liang X F，et al，2020. *Trichothecium roseum* enters 'Fuji' apple cores through stylar fissures ［J］. Plant Disease，104（4）：1060－1068.

Dib H，Siegwart M，Delattre T，et al，2020. Does combining *Forficula auricularia* L.（Dermaptera：Forficulidae）with *Harmonia axyridis* Pallas（Coleoptera：Coccinellidae）enhance predation of rosy apple aphid，*Dysaphis plantaginea* Passerini（Hemiptera：Aphididae）? ［J］. Biological Control，151：104394.

Dong B Z，Guo L Y，2020a. An efficient gene disruption method for the woody plant pathogen *Botryo-*

sphaeria dothidea [J]. BMC Biotechnology, 20: 14.

Dong Y H, Meng X L, Wang Y N, et al, 2020b. Screening of pathogenicity-deficient *Fusarium oxysporum* mutants established by *Agrobacterium tumefaciens*-mediated transformation [J]. Canadian Journal of Plant Pathology, 43 (1): 140 – 154.

Feng H, Wang S, Liu Z, et al, 2020b. Baseline sensitivity and resistance risk assessment of *Valsa mali* to pyraclostrobin [J]. Phytopathology Research, 2 (1): 1 – 8.

Feng H, Xu M, Gao Y, et al, 2020a. Vm-milR37 contributes to pathogenicity by regulating glutathione peroxidase gene *VmGP* in *Valsa mali* [J]. Molecular Plant Pathology, 22 (2): 243 – 254.

Feng Y, Yin Z, Wu Y, et al, 2020c. LaeA controls virulence and secondary metabolism in apple canker pathogen *Valsa mali* [J]. Frontiers in Microbiology, 11: 581203.

Galinskaya T V, Arapova M Y, Oyun N Y, et al, 2020. Applicability of mitochondrial genes CO I, CO II and nuclear gene 18s rDNA for diagnostics of the eastern fruit fly *Bactrocera dorsalis* (Hendel, 1912) (Diptera, Tephritidae) [J]. Entomological Review, 100 (2): 213 – 219.

Gao T T, Liu Y S, Liu X M, et al, 2020. Exogenous dopamine and overexpression of the dopamine synthase gene *MdTYDC* alleviated apple replant disease [J]. Tree Physiology, 41 (8): 1524 – 1541.

Garrigues S, Marcos J F, Manzanares P, et al, 2020. A novel secreted cysteine-rich anionic (Sca) protein from the citrus postharvest pathogen *Penicillium digitatum* enhances virulence and modulates the activity of the antifungal protein B (AfpB) [J]. Journal of Fungi, 6 (4): 203.

Gañán L, White R A, Friesen M L, et al, 2020. A genome resource for the apple powdery mildew pathogen *Podosphaera leucotricha* [J]. Phytopathology, 110: 1756 – 1758.

Geng D L, Shen X X, Xie Y P, et al, 2020. Regulation of phenylpropanoid biosynthesis by *MdMYB*88 and *MdMYB*124 contributes to pathogen and drought resistance in apple [J]. Horticulture Research, 7 (1): 102.

Hamada N A, Moreira R R, Figueiredo J A G, et al, 2020. *Colletotrichum acutatum* complex isolated from apple flowers can cause bitter rot and *Glomerella* leaf spot [J]. Bragantia, 79: 399 – 406.

Hewavitharana S S, Mazzola M, 2020. Influence of rootstock genotype on efficacy of anaerobic soil disinfestation for control of apple nursery replant disease [J]. European Journal of Plant Pathology, 157 (1): 39 – 57.

Hu G J, Dong Y F, Zhang Z P, et al, 2020. First report of apple rubbery wood virus 2 infection of apples in China [J]. Plant Disease, 105 (2): 519.

Huang Y, Sun C C, Guan X N, et al, 2020. Biocontrol efficiency of *Meyerozyma guilliermondii* Y – 1 against apple postharvest decay caused by *Botryosphaeria dothidea* and the possible mechanisms of action [J]. International Journal of Food Microbiology, 338: 108957.

Huang Y, Sun C C, Guan X N, et al, 2021. Biocontrol efficiency of *Meyerozyma guilliermondii* Y-1 against apple postharvest decay caused by *Botryosphaeria dothidea* and the possible mechanisms of action [J]. International Journal of Food Microbiology, 338: 108957.

Jiao J, Kong K K, Han J M, et al, 2020. Field detection of multiple RNA viruses/viroids in apple using a CRISPR/Cas12a-based visual assay [J]. Plant Biotechnology Journal, 19 (2): 394-405.

Kasperkiewicz A, Pawliszyn J, 2020. Multiresidue pesticide quantitation in multiple fruit matrices via automated coated blade spray and liquid chromatography coupled to triple quadrupole mass spectrometry [J]. Food Chemistry, 339: 127815.

Khaeso K, Andongma A A, Akami M, et al, 2018. Assessing the effects of gut bacteria manipulation on the development of the oriental fruit fly, *Bactrocera dorsalis* (Diptera: Tephritidae) [J]. Symbiosis, 74 (2): 97-105.

Khodadadi F, González J B, Martin P L, et al, 2020. Identification and characterization of *Colletotrichum* species causing apple bitter rot in New York and description of *C. noveboracense* sp. Nov [J]. Scientific Reports, 10 (1): 20839-20839.

Kim C H, Hassan O, Chang T H, 2020. Diversity, pathogenicity, and fungicide sensitivity of *Colletotrichum* species associated with apple anthracnose in South Korea [J]. Plant Disease, 104 (11): 2866-2874.

Kim N Y, Lee H J, Jeong R D, 2019. A portable detection assay for apple stem pitting virus using reverse transcription-recombinase polymerase amplification [J]. Journal of Virological Methods, 274: 113747.

Koloniuk I, Přibylová J, Fránová J, et al, 2020. Genomic characterization of *Malus domestica* virus A (MdoVA), a novel velarivirus infecting apple [J]. Archives of Virology, 165: 479-482.

Leichtfried T, Dobrovolny S, Reisenzein H, et al, 2019. Apple chlorotic fruit spot viroid: a putative new pathogenic viroid on apple characterized by next-generation sequencing [J]. Archives of Virology, 164 (12): 3137-3140.

Leichtfried T, Reisenzein H, Steinkellner S, et al, 2020. Transmission studies of the newly described apple chlorotic fruit spot viroid using a combined RT-qPCR and droplet digital PCR approach [J]. Archives of Virology, 165 (11): 2665-2671.

Li C J, Yaegashi H, WKishigami R, et al, 2020. Apple russet ring and apple green crinkle diseases: fulfillment of Koch's postulates by virome analysis, amplification of full-length cDNA of viral genomes, *in vitro* transcription of infectious viral RNAs, and reproduction of symptoms on fruits of apple trees inoculated with viral RNAs [J]. Frontiers in Microbiology, 11: 1627-1627.

Li X L, Li M J, Zhou J, et al, 2020. Acquisition of virus eliminated apple plants by thermotherapy and the factors influenced the eliminating efficiency [J]. Erwerbs-Obstbau, 62: 257-264.

Li Z N, Jelkmann W, Sun P P, et al, 2020. Construction of full-length infectious cDNA clones of apple stem grooving virus using Gibson Assembly method [J]. Virus Research, 276: 197790.

Lichtner F J, Gaskins V L, Cox K D, et al, 2020. Global transcriptomic responses orchestrate difenoconazole resistance in *Penicillium* spp. causing blue mold of stored apple fruit [J]. BMC Genomics, 21: 574.

Liu H, Xia D G, Hu R, et al, 2020a. A bioactivity-oriented modification strategy for SDH inhibitors

with superior activity against fungal strains [J]. Pesticide Biochemistry and Physiology, 163: 271 –
279.

Liu W Y, Hai D, Mu F, et al, 2020c. Molecular characterization of a novel fusarivirus infecting the
plant-pathogenic fungus *Botryosphaeria dothidea* [J]. Archives of Virology, 165: 1033 – 1037.

Liu W, Liang X, Gleason M L, et al, 2020b. The transcription factor CfSte12 of *Colletotrichum fructicola* is a key regulator of early apple Glomerella leaf spot pathogenesis [J]. Applied and Environmental Microbiology, 87 (1): e02212 – 20.

Liu X J, Li X S, Bozorov T A, et al, 2020d. Characterization and pathogenicity of six Cytospora
strains causing stem canker of wild apple in the Tianshan Forest, China [J]. Forest Pathology, 50
(3): e12587.

Lu X P, Xu L, Meng L W, et al, 2020. Divergent molecular evolution in glutathione S-transferase
conferring malathion resistance in the oriental fruit fly, *Bactrocera dorsalis* (Hendel) [J]. Chemosphere, 242: 125203.

Lv P, Chen Y, Wang D, et al, 2020. Synthesis, characterization, and antifungal evaluation of thiolactomycin derivatives [J]. Engineering, 6: 560 – 568.

Ma X F, Hong N, Moffett P, et al, 2019. Functional analysis of apple stem pitting virus coat protein
variants [J]. Virology Journal, 16 (1): 20.

Ma Z T, Du W Y, Yan Z B, et al, 2020. Removal of phloridzin by chitosan-modified biochar prepared
from apple branches [J]. Analytical Letters, 54 (5): 903 – 918.

Manici L M, Caputo F, 2020. Growth promotion of apple plants is the net effect of binucleate *Rhizoctonia* sp. as rhizosphere-colonizing fungus [J]. Rhizosphere, 13: 100185.

Marc M, Cournol M, Hanteville S, et al, 2020. Pre-harvest climate and post-harvest acclimation to
cold prevent from superficial scald development in Granny Smith apples [J]. Scientific Reports, 10
(1): 6180.

Martin P L, Peter K, 2020. Quantification of *Colletotrichum fioriniae* in orchards and deciduous forests indicates it is primarily a leaf endophyte [J]. Phytopathology, 111 (2): 333 – 344.

Mazzola M, Graham D, Wang L K, et al, 2020. Application sequence modulates microbiome composition, plant growth and apple replant disease control efficiency upon integration of anaerobic soil disinfestation and mustard seed meal amendment [J]. Crop Protection, 132: 105125.

McCulloch M J, Edwards S, Inocencio H, et al, 2020. Diversity and cross-infection potential of *Colletotrichum* causing fruit rots in mixed-fruit orchards in Kentucky [J]. Plant Disease, 105 (4) .

Meng X, Qi X, Han Z, et al, 2019. Latent infection of *Valsa mali* in the seeds, seedlings and twigs
of crabapple and apple trees is a potential inoculum source of valsa canker [J]. Scientific Reports, 9:
7738.

Menzel W, Jelkmann W, Maiss E, 2002. Detection of four apple viruses by multiplex RT-PCR assays
with coamplification of plant mRNA as internal control [J]. Journal of Virological Methods, 99
(1): 81 – 92.

Moreira R R, Filho A B, Zeviani W M, et al, 2020. Comparative epidemiology of three *Colletotrichum* species complex causing Glomerella leaf spot on apple [J]. European Journal of Plant Pathology, 158: 473 – 484.

Mu Y P, Yue Y, Gu G R, et al, 2020. Identification and characterization of the *Bacillus atrophaeus* strain J – 1 as biological agent of apple ring rot disease [J]. Journal of Plant Diseases and Protection, 127: 367 – 378.

Munro P, Forge T A, Jones M D, et al, 2020. Soil biota from newly established orchards are more beneficial to early growth of cherry trees than biota from older orchards [J]. Applied Soil Ecology, 155: 103658.

Musa Z, Ma J, Egamberdieva D, et al, 2020. Diversity and antimicrobial potential of cultivable endophytic actinobacteria associated with the medicinal plant thymus roseus [J]. Frontiers in Microbiology, 11: 191 – 191.

Nabi S U, Baranwal V K, Yadav M K, et al, 2020. Association of apple necrotic mosaic virus (ApNMV) with mosaic disease in commercially grown cultivars of apple (*Malus domestica* Borkh) in India [J]. 3 Biotech, 10 (3): 122.

Naitow H, Hamaguchi T, Maki-Yonekura S, et al, 2020. Apple latent spherical virus structure with stable capsid frame supports quasi-stable protrusions expediting genome release [J]. Communications Biology, 3 (1): 488.

Nicholas C M, Rogerl V, Lori C, 2019. A field test on the effectiveness of male annihilation technique against *Bactrocera dorsalis* (Diptera: Tephritidae) at varying application densities [J]. PLoS One, 14 (3): e0213337.

Nie J, Zhou W, Liu J, et al, 2020. A receptor-like protein from Nicotiana benthamiana mediates VmE02 PAMP-triggered immunity [J]. New Phytologist, 229 (4): 2260 – 2272.

Noorani M S, Khan J A, 2020. Development of a novel polyprobe for simultaneous detection of six viruses infecting stone and pome fruits [J]. 3 Biotech, 10 (9): 117 – 123.

Papp D, Singh J, Gadoury D M, et al, 2020. New north american isolates of *Venturia inaequalis* can overcome apple scab resistance of *Malus floribunda* 821 [J]. Plant Disease, 104: 649 – 655.

Pavicich M A, Cárdenas P, Pose G N, et al, 2020. From field to process: how storage selects toxigenic *Alternaria* spp. causing mouldy core in Red Delicious apples [J]. International Journal of Food Microbiology, 322: 108575.

Popp C, Wamhoff D, Winkelmann T, et al, 2020. Molecular identification of Nectriaceae in infections of apple replant disease affected roots collected by Harris Uni-Core punching or laser microdissection [J]. Journal of Plant Diseases and Protection, 127 (4): 571 – 582.

Prencipe S, Sillo F, Garibaldi A, et al, 2020. Development of a sensitive TaqMan qPCR assay for detection and quantification of *Venturia inaequalis* in apple leaves and fruit and in air samples [J]. Plant Disease, 104 (11): 2851 – 2859.

Qiao N Z, Yu L L, Zhang C C, et al, 2020. A comparison of the inhibitory activities of *Lactobacillus* and *Bifidobacterium* against *Penicillium expansum* and an analysis of potential antifungal metabolites [J]. FEMS Microbiological Letter, 367 (18): 130.

Qin Y J, Wang C, Zhao Z H, 2019. Climate change impacts on the global potential geographical distribution of the agricultural invasive pest, *Bactrocera dorsalis* (Hendel) (Diptera: Tephritidae) [J]. Climatic Change, 155: 145 – 156.

Reim S, Rohr A D, Winkelmann T, et al, 2019. Genes involved in stress response and especially in phytoalexin biosynthesis are upregulated in four malus genotypes in response to apple replant disease [J]. Frontiers in Plant Science, 10: 1724.

Ren W C, Liu N, Li B H, et al, 2020. Development and application of a LAMP method for rapid detection of apple blotch caused by *Marssonina coronaria* [J]. Crop Protection, 141: 105452.

Rohr A D, Schimmel J, Liu B Y, et al, 2020. Identification and validation of early genetic biomarkers for apple replant disease [J]. PLoS One, 15 (9): e0238876.

Rosli H, Batzer J C, Hernández E, et al, 2020. Precipitation impacts dissemination of three sooty blotch and flyspeck taxa on apple fruit [J]. Plant Disease, 104: 2398 – 2405.

Samiksha, Drishtant S, Anup K K, 2020. Deterioration of digestive physiology of *Bactrocera cucurbitae* larvae by trypsin inhibitor purified from seeds of *Mucuna pruriens* [J]. Pesticide Biochemistry and Physiology, 169: 104647.

Shahdost-fard F, Fahimi-Kashani N, Hormozi-nezhad M R, 2020. A ratiometric fluorescence nanoprobe using CdTe QDs for fast detection of carbaryl insecticide in apple [J]. Talanta, 221: 121467.

Shahid A A, Sajad U N, Sheikh M, 2020. Morpho-molecular identification and a new host report of *Bactrocera dorsalis* (Hendel) from the Kashmir valley (India) [J]. International Journal of Tropical Insect Science, 40: 315 – 325.

Shang S, Wang B, Zhang S, et al, 2020. A novel effector CfEC92 of *Colletotrichum fructicola* contributes to Glomerella leaf spot virulence by suppressing plant defences at the early infection phase [J]. Molecular Plant Pathology, 21: 936 – 950.

Sharma R R, Datta S C, Varghese E, 2019. Kaolin-based particle film sprays reduce the incidence of pests, diseases and storage disorders and improve postharvest quality of "Delicious" apples [J]. Crop Protection, 127: 104950.

Shen J M, Hu L M, Zhou X H, 2019. Allyl-2, 6-dimethoxyphenol, a female-biased compound, is robustly attractive to conspecific males of *Bactrocera dorsalis* at close range [J]. Entomologia Experimentalis et Applicata, 167: 811 – 819.

Sheng Y F, Wang H Y, Wang M, et al, 2020. Effects of soil texture on the growth of young apple trees and soil microbial community structure under replanted conditions [J]. Horticultural Plant Journal, 6 (3): 123 – 131.

Simon M, Lehndorff E, Wrede A, et al, 2020. In-field heterogeneity of apple replant disease: relations to abiotic soil properties [J]. Scientia Horticultur, 259: 108809.

Singh N, Sharma D P, WKaushal R, et al, 2020. Isolation and identification of fungi and nematodes in the rhizosphere soil of old declining apple orchards in Himachal Pradesh, India [J]. Allelopathy Journal, 50 (2): 139 – 152.

Song X G, Han M H, He F, et al, 2020. Antifungal mechanism of dipicolinic acid and its efficacy for the biocontrol of pear valsa canker [J]. Frontiers in Microbiology, 11: 958.

Souder S K, 2020. Enhancing males annihilation technique (MAT) of fruit flies (Diptera: Tephritidae) using a binary lure system with a biopesticide (Doctoral thesis) [D]. Mānoa: University of Hawai 'i.

Souza J A, Bogo A, Bettoni J C, et al, 2020. Droplet-vitrification cryotherapy for eradication of apple stem grooving virus and apple stem pitting virus from "Marubakaido" apple rootstock [J]. Tropical Plant Pathology, 45: 148 – 152.

Stupp P, Junior R M, Nora C, et al, 2020. Mass trapping is a viable alternative to insecticides for management of Anastrepha fraterculus (Diptera: Tephritidae) in apple orchards in Brazil [J]. Crop Protection, 139: 105391.

Suhana Y, Ahmad Z, Salmah Y, 2019. Abnormality and mortality of irradiated immature stages of the oriental fruit fly, *Bactrocera dorsalis* (Hendel) (Diptera: Tephritidae) by gamma irradiation [J]. AIP Conference Proceedings, 2111 (1): 060022.

Tannous J, Barda O, Luciano-Rosario D, et al, 2020. New insight into pathogenicity and secondary metabolism of the plant pathogen *Penicillium expansum* through deletion of the epigenetic reader SntB [J]. Frontiers in Microbiology, 11: 610.

Tao S Q, Auer L, Morin E, et al, 2020. Transcriptome analysis of apple leaves infected by the rust fungus *Gymnosporangium yamadae* at two sporulation stages [J]. Molecular Plant-Microbe Interactions, 33: 444 – 461.

Verma D, WKumari S, WKumar D, 2020. Alteration of insecticide resistance during the aging of *Bactrocera cucurbitae* (Diptera: Tephritidae) [J]. Journal of Scientific Research, 12 (1): 93 – 102.

Wang N N, Gao K Y, Han N, et al, 2020a. ChbB increases antifungal activity of *Bacillus amyloliquefaciens* against *Valsa mali* and shows synergistic action with bacterial chitinases [J]. Biological Control, 142: 104150.

Wang Y, Jiang L, Wang M M, et al, 2020b. Baseline sensitivity and action mechanism of the sterol demethylation inhibitor flusilazole to *Valsa mali* [J]. Pesticide Biochemistry and Physiology, 171: 104722.

Wenneker M, van Rijswick P, Pham K, et al, 2020. First report of *Phytophthora chlamydospora* causing postharvest fruit rot on apples and pears in the Netherlands [J]. Plant Disease, 105 (3): 713.

Werner R C, Dugé de B T, Glévarec G, et al, 2020. ALSV-based virus-induced gene silencing in apple tree (*Malus × domestica* L.) [J]. Methods in Molecular Biology, 2172: 183 – 197.

Wright A, Cross A, Harper S J, 2020. A bushel of viruses: identification of seventeen novel putative viruses by RNA-seq in six apple trees [J]. PLoS One, 15: e0227669.

Wu C, Dong F, Chen X, et al, 2020. Spatial and temporal distribution, degradation, and metabolism of three neonicotinoid insecticides on different parts especially pests' target feeding parts of apple tree [J]. Pest Management Science, 76 (6): 2190 – 2197.

Xu H, Jia A, Hou E, et al, 2020a. Natural product-based fungicides discovery: design, synthesis and antifungal activities of some sarisan analogs containing 1, 3, 4-oxadiazole moieties [J]. Chemistry & Biodiversity, 17 (2): e1900570.

Xu L, Wang Y, Zhu S, et al, 2020b. Development and application of a LAMP assay for the detection of the latent apple tree pathogen *Valsa mali* [J]. Plant Disease, 105 (4): 1065 – 1071.

Xu M, Guo Y, Tian R, et al, 2020c. Adaptive regulation of virulence genes by microRNA-like RNAs in *Valsa mali* [J]. New Phytologist, 227: 899 – 913.

Xu W, Sun H, Jin J, et al, 2020d. Predicting the potential distribution of apple canker pathogen (*Valsa mali*) in China under climate change [J]. Forests, 11 (11): 1126.

Yim B, Baumann A, Grunewaldt-Stocker G, et al, 2020. Rhizosphere microbial communities associated to rose replant disease: links to plant growth and root metabolites [J]. Horticulture Research, 7 (1): 144.

Zetina-Serrano C, Rocher O, Naylies C, et al, 2020. The *brlA* gene deletion reveals that patulin biosynthesis is not related to conidiation in *Penicillium expansum* [J]. International Journal of Molecular Science, 21: 6660.

Zhang Z L, Zhang F J, Zheng P F, et al, 2020. Determination of protein interactions among replication components of apple necrotic mosaic virus [J]. Viruses, 12 (4): 474.

Zhao X Y, Qi C H, Jiang H, et al, 2020. MdWRKY15 improves resistance of apple to *Botryosphaeria dothidea* via the salicylic acid-mediated pathway by directly binding the *MdICS*1 promoter [J]. Journal of Integrative Plant Biology, 62: 527 – 543.

Zhou H J, Bai S H, Wang N, et al, 2020a. CRISPR/Cas9-mediated mutagenesis of MdCNGC2 in apple callus and VIGS-mediated silencing of *MdCNGC2* in fruits improve resistance to *Botryosphaeria dothidea* [J]. Frontiers in Plant Science, 11: 575477.

Zhou Y, Qin D Q, Zhang P W, 2020b. Integrated LC-MS and GC-MS based untargeted metabolomics studies of the effect of azadirachtin on *Bactrocera dorsalis* larvae [J]. Scientific Reports, 10 (1): 1 – 11.

Zhu Y M, Saltzgiver M, 2020. A systematic analysis of apple root resistance traits to *Pythium ultimum* infection and the underpinned molecular regulations of defense activation [J]. Horticulture Resesrch, 7 (1): 62.

附表1　2020年全国苹果综合试验站所在县逐日最低温度（1—4月和11—12月）和最高温度（5—10月）

单位：℃

日期	牡丹江	特克斯	阿克苏	镜川	兴城	营口	太谷	万荣	庄浪	天水	昌黎	顺平	灵寿	洛川	旬邑	白水	凤翔	西安	泰安	胶州	威海	烟台	民权	三门峡	昭通	盐源
1月1日	-23.7	-3.6	-8.5	-10.2	-16.4	-11.6	-10.6	-7.3	-1.1	-1.1	-12	-12.6	-7.2	-10	-11.4	-9	-8.3	-8.6	-6.8	-4.7	-3	-5.9	-4.6	-5.9	6.5	-3.2
1月2日	-25.1	-12.1	-11.5	-8.3	-15	-13.4	-9.8	0	-0.4	0	-11.3	-11.9	-6.6	-5.3	-2.5	-1.6	-2.2	-2.6	-2.3	-0.7	-1	-2.9	1.7	-1.1	4.8	-2.7
1月3日	-19.9	-13	-12	-9.6	-13	-9.8	-4.9	-1	-8.1	-4.6	-9.6	-10	-6.4	-3.6	-6.9	-2.8	-3.2	-4.3	-3.7	-2.3	0.3	-1	2.4	0.7	1.2	0
1月4日	-14.6	-12.4	-10.2	-8.1	-12.1	-11.1	-7.7	-4.5	-5.5	-2.2	-7.4	-8.1	-4.9	-6.5	-5.5	-3.2	-1.6	-2.6	-4.3	-0.3	2.6	-1.2	-2.4	-1	0.9	3.9
1月5日	-18.5	-10.8	-11.5	-3.5	-11.8	-10	-1.9	0.4	-0.7	1.5	-8.2	-5.2	-1.9	-1.8	-1.3	0	0.7	2	3	-0.3	2.1	0.6	2	0	7.7	-0.1
1月6日	-19.1	-14.7	-12.8	-3.5	-4	-2	-3.2	0.9	-4.3	0.1	-0.6	-2.1	-1	-2.3	-3.1	-0.4	0.3	1.4	3.3	4.3	3	2	1.2	-0.2	6.8	1.6
1月7日	-12.1	-12.5	-9.7	-8.5	-3	-5.3	-2.4	0.2	-7.5	-4.5	-1.1	-2.8	-0.9	-4	-4.7	-1	-2.9	1.5	1	-0.1	-0.8	0.2	0.2	0.1	-1.7	-5.2
1月8日	-8.5	-12.6	-7.6	-11	-6.8	-7.9	-5	-3.7	-9.3	-5.3	-5.1	-9.3	-5.6	-12.3	-9.2	-5.5	-5	-3.1	-4.6	-3.3	-1.6	-1.8	-5.9	-2.8	5.7	-1
1月9日	-13.1	-9.7	-11.4	-9.7	-13.1	-11.4	-4.5	-0.8	-1.9	-0.6	-9.9	-8.6	-8.7	-5.2	-3.5	-0.9	-1.3	-0.1	-4.4	-3.7	-0.6	-2.5	-0.6	0	11.2	2.7
1月10日	-19.2	-13.1	-12	-10.6	-9.8	-8.5	-4	-1.4	-4.8	-1.1	-4.5	-7.2	-4.4	-4.8	-2.9	-1.4	-1.4	0.1	-3.6	-1.9	-0.1	-1.6	0.4	0	2.9	1.5
1月11日	-21.6	-10.6	-9.5	-6.1	-11	-9.4	-9.7	-3.2	-10.4	-4.3	-7.9	-8.6	-3.8	-7.8	-9.8	-3.4	-3.1	-1.6	-2.3	-2.5	-2.5	-0.9	-0.7	-2.1	2.1	-2
1月12日	-22.5	-11.2	-8.6	-7.8	-12	-11.2	-13.8	-5.6	-4.6	-2.1	-8.6	-11.3	-7.6	-11.1	-6.8	-5.6	-4.2	-1.5	-5.5	-3.8	-1.4	-1.7	-4.2	-4.4	-1.8	-4.6
1月13日	-19.5	-9.8	-7.1	-10.9	-15.3	-12.3	-11.8	-3.1	-6.1	-2.3	-12.2	-9.8	-3.1	-9.4	-6.6	-5	-4.2	-4.2	-5.8	-2.9	-2.9	-4.4	-0.5	-3.1	-1.3	-4.2
1月14日	-23.5	-6.6	-5.7	-14.3	-16.6	-14.4	-17.6	-9.1	-9.4	-3.9	-11.5	-13	-6.3	-14.7	-9.9	-8.6	-2.9	-7.2	-7.4	-4	-1.9	-2.2	-4.7	-6.9	1.4	-3.3
1月15日	-24.6	-4.4	-6.6	-8.9	-15.9	-13.9	-14.8	-1.6	-1.6	-1.6	-12.4	-12.8	-8.5	-4.5	-5.3	-3	-2.4	-2	-7.4	-5	-1.6	-4.3	-4.5	-2.8	-1.5	1.3
1月16日	-23.3	-12.8	-3.8	-7.8	-14.1	-11.8	-5.4	-3.1	-10.9	-5.8	-8.9	-9.3	-5.3	-5.6	-5.2	-5.6	-4.9	-2.9	-0.9	-2.6	0.3	-2.4	-0.9	-3.1	1.1	-2.2
1月17日	-22.6	-12.6	-4.6	-11.6	-14.2	-12.5	-7.6	-3.4	-9.6	-5.9	-7.7	-10.9	-5.5	-7.9	-10.3	-4.3	-2.9	-5.7	-4.9	-2.4	-0.3	-1.3	-0.6	-1.6	1.8	-0.5
1月18日	-23.3	-18.6	-3.8	-10.1	-14.4	-12.3	-10.9	-5.6	-6.9	-3.8	-10.5	-6.3	-5.8	-9.6	-8.6	-5.1	-2.9	-5.4	-5.6	-3.8	-0.1	-2.1	-4.3	-3.4	0.9	1.3

日期	牡丹江	特克斯	阿克苏	银川	兴城	营口	太谷	万荣	庄浪	天水	昌黎	顺平	灵寿	洛川	旬邑	白水	凤翔	西安	泰安	胶州	威海	烟台	民权	三门峡	昭通	盐源
1月19日	−16.8	−17.1	−6.9	−10.2	−9.1	−7.5	−6.2	−6.6	−11.1	−5.1	−5	−3.1	−6.5	−11	−11.2	−6.6	−5.3	−6	−3.3	−0.5	0.5	−1	0.4	−1.5	0.1	−1.2
1月20日	−17.9	−14.5	−7.8	−10.9	−11.8	−9.6	−11.2	−5.9	−8.7	−6.7	−3.8	−2.9	−5.7	−10.5	−6.9	−3.5	−3.2	−3.2	−6.2	−1.2	0.1	−0.7	−4.1	−1.3	0.9	0.8
1月21日	−20.5	−13.7	−8.7	−9.7	−13	−7.2	−4.6	−2.3	−5.9	−4.3	−9.3	−8.1	−3.5	−6.9	−8.4	−4.2	−4.6	−2.7	0.7	−2.2	−1.3	−3	−3.1	−0.2	4.5	1
1月22日	−12.8	−14.2	−12	−10.8	−7	1	−7.9	−3.5	−7.9	−3.8	−4.8	−8.6	−4.5	−8	−7.3	−3.6	−3.7	−0.8	−2.4	2.8	2.4	2.5	−2.8	−2.6	10.2	−1.9
1月23日	−15.6	−12.3	−11	−10.7	−6.2	−0.7	−7.7	−3.6	−5.4	−2.2	−7.4	−7.9	−4.1	−7.6	−5	−2.7	−1.3	−2.6	−4	−0.3	2	1	−3.2	−1.3	−0.9	−1.8
1月24日	−16.3	−15.4	−13	−9.2	−13.7	−9	−6.5	−0.7	−2.8	0.3	−6.8	−4.5	−1.6	−4.1	−1.7	0.1	1.6	2	1.3	−0.6	0.3	1	1.4	1.6	1.8	−1.4
1月25日	−25.6	−11.1	−10	−9.4	−13.3	−11.5	−6.1	0.3	−5	−1.1	−8.5	−9.4	−4	−4.3	−3.5	−3.4	−0.1	−1.6	0.9	−2.1	1.4	0	0.9	0.1	−1.2	−1.9
1月26日	−25.2	−11.2	−9.7	−1	−12.9	−11.6	−5.8	1.1	−2.8	0.2	−6.1	−7.7	−3.3	−2.9	−4.9	−0.5	0.1	1	1.3	−0.5	1.7	0.4	0.6	0.2	−0.4	−3.1
1月27日	−14.4	−10.7	−12	−3.1	−2.5	−5.6	−0.6	−3.6	−2.8	−3.2	−6.1	−7.7	−3.3	−2.9	−4.9	−0.5	0.1	0.2	3.2	2.5	3.3	3.8	1.3	0	0.2	−2.1
1月28日	−18.8	−10.9	−9.3	−3.4	−2.8	−4.8	−2.6	−3.6	−10.4	−7.2	−3.1	−5.2	−2	−8.7	−9.3	−4.5	−4.8	−6.1	−1.4	0.4	3.5	2.6	−4.1	−1.5	−0.3	−5
1月29日	−18.1	−8.9	−8.9	−9.6	−4.1	−10.6	−2.6	−4.9	−11.1	−7.1	−2	−2.3	−0.2	−8.3	−10.3	−4.2	−3.8	−4.2	−2.5	−0.4	−0.8	−1	−2.5	−1.8	−0.4	−1.2
1月30日	−19.2	−15.3	−11	−10.1	−7.4	−12.7	−9.5	−5.9	−9.9	−7.8	−3.5	−5.9	−2.6	−10.6	−8.2	−4.9	−3.9	−4.3	−4.6	−2.7	−1.1	−2.2	−4.4	−1.1	1	1.2
1月31日	−21.8	−14	−10	−9.7	−13.2	−14.2	−9.3	−5.2	−7.2	−3.1	−8.5	−7.5	−2.6	−8.7	−7.5	−4.4	−3.4	−0.3	−7.2	−4.3	−1	−1.1	−3.7	0	0.4	−2
积温	**0**	**0**	**0**	**0**	**0**	**0**	**0**	**0**	**0**	**0**	**0**	**0**	**0**	**0**	**0**	**0**	**0**	**0**	**0**	**0**	**0**	**0**	**0**	**0**	**22.3**	**1.9**
2月1日	−22.6	−14.7	−8.9	−3.4	−9.9	−9.2	−8	−1.9	−1.2	1.8	−6.8	−7.6	−2.2	−2.6	−0.8	1.1	2.1	3	−4.8	0.4	1	1.8	−2.6	2.2	1.3	−2.4
2月2日	−16.9	−13.6	−9.2	−8.1	−9.6	−8.6	−1.8	1.9	−11.8	−3	−4.5	−4.4	−1.5	−4.9	−5.2	0.5	−1.2	−1.9	−0.4	−2.6	0.5	−0.9	0	2.8	1.2	−0.8
2月3日	−20.5	−11.8	−8.8	−10.7	−13.7	−12.6	−11.9	−6.2	−10.3	−7.4	−12	−7.6	−3.5	−10.4	−7.9	−5.6	−5.5	−4	−2.7	−3.4	−1.1	−1.3	−2	−1.3	0.2	−1.3
2月4日	−24.3	−9.9	−8.2	−11.1	−11	−12.1	−8.5	−4.3	−7.7	−3.3	−7.8	−6	−3	−8.1	−7.1	−3.9	−3.9	−2.3	−2.1	−0.4	−3.9	−3.2	−2.9	−1.1	1.7	−2.3
2月5日	−26.3	−10.6	−8.8	−8.8	−17.1	−16.8	−7.9	−0.9	−5.2	−1.1	−12.4	−11.6	−5.2	−6.5	−7.2	−4.2	−2.4	−3.8	−3	−6.4	−6.6	−6.9	−0.9	−2.3	3	−2.2
2月6日	−25.1	−11.3	−7.5	−10.2	−17.6	−17.5	−4.2	−1.6	−6.4	0.4	−12.7	−4.3	−2.7	−3.2	−2.8	−2.3	−1.3	−1.4	−3	−5.5	−5.6	−6.4	−0.9	−3.9	1.4	−2.1
2月7日	−23	−10.8	−5.6	−8	−14	−4.4	−7	−4.4	−6	−3.4	−8.7	−5.6	−3.5	−3.2	−3.4	−1.9	−1.8	−1.2	−0.1	−1.5	−2.1	−2.9	−0.7	−4.8	2.7	−0.6

日期	牡丹江	特克斯	阿克苏	银川	兴城	营口	太谷	万荣	庄浪	天水	昌黎	顺平	灵寿	洛川	旬邑	白水	凤翔	西安	泰安	胶州	威海	烟台	民权	三门峡	昭通	盐源
2月8日	-21.6	-11.3	-6.1	-9.2	-13.3	-10	-7.9	-4.8	-4.6	-2.8	-9.3	-8.7	-4.5	-5.3	-8	-4.4	-1.8	-5.6	-2.8	0.2	0.3	-0.1	-1.5	-1	1.7	-2.2
2月9日	-22.3	-9.9	-5.5	-8.4	-12	-9.4	-6.1	-4.6	-7.7	-5.1	-7.7	-7.3	-3.5	-8.1	-8.2	-3.1	-2.7	-4.6	-2.3	-2.1	-1.3	-3.6	-2.9	-0.2	1.5	1.2
2月10日	-15.3	-6.1	-5	-8.7	-8.8	-5.5	-7.7	-3.3	-5.7	-3.3	-4.6	-5.7	-0.1	-7.1	-4.5	-2.6	-0.6	-1.5	-4.4	4.4	1	0.1	0.9	1.5	0.8	1.4
2月11日	-19.6	-3.4	-5.7	-7.4	-1.4	-7.6	-7.2	-2.4	-5	-2.3	-3.2	-3.9	1.4	-5	-3.7	-0.4	-1.1	0.8	0.2	4.1	6.9	2.5	6.7	4.3	1.4	-1.9
2月12日	-14.9	-4.9	-5.7	-7.3	-3.7	3.7	-6.1	-1.9	-5.4	-2.2	-3.5	-3.5	0.5	-4.3	-3.1	-1.1	-0.7	-1.4	-1.4	6.3	6.3	5.3	2.2	4.6	0	-2.6
2月13日	-7.7	-5.5	-2.3	-4.2	-0.1	0.7	-4	-0.3	-6.1	-0.7	-0.9	-2	1.4	-3.4	-1.4	-0.6	-1.1	1.1	1.6	2.3	5.4	3.4	5.1	6.6	2.6	-1.9
2月14日	-4.7	-2.9	-1	-9.2	-6	-6.5	1.9	2.9	-3.7	2.1	-5	2	2.2	-2	-1.3	1.6	2.8	5.2	8.3	7.6	3	5.1	9.1	4.1	2.6	-0.8
2月15日	-16.2	-4.4	-3.7	-15.2	-8	-9.4	-9.2	-5.8	-14	-6.7	-5.8	-3.3	-3.5	-10.8	-10.8	-7.1	-7.5	-4.1	-0.5	-3.1	-2.7	-3	0	-3.9	-0.4	2.4
2月16日	-13	-7.3	-5.6	-14.5	-6.3	-8.1	-8.4	-4.5	-14.2	-10.2	-5	-7.6	-2.6	-11.2	-13	-7.8	-9	-6.6	-6.4	-6.5	-3.9	-4.1	-6	-2.9	-3.9	2.3
2月17日	-14.1	-4.6	-5.1	-11.3	-8.5	-12.4	-10.9	-5.3	-11.8	-9.3	-7.7	-6.7	-1.3	-9.3	-11.8	-7	-6.8	-8.7	-5	-5.6	-4.3	-4.3	-5	-2.8	-1.7	-0.7
2月18日	-17.9	-8.6	-5.7	-5.8	-11	-9.6	-9.4	-6.2	-7.8	-4.9	-7.9	-3.8	-0.8	-10	-8.1	-5.9	-4.5	-3.5	-2.3	3	-1.6	-3.1	-1.8	-1.9	-1.8	0.6
2月19日	-11.1	-6.4	-6.6	-5.4	-7.6	-6.3	-6.9	-1.8	-6.2	-3	-3.4	-2	0.2	-6.5	-4.4	-1.2	-0.9	-1.5	-1.2	1.9	1.8	2.4	2	2.2	-0.7	2.2
2月20日	-13.4	-12.5	-5.5	-1	-6.8	-4.6	-7	1.1	-3.1	0.1	0	-3.6	-0.2	-3	-2.1	0.7	1.9	2.7	-3.3	5.3	2.5	0.7	-0.6	4.9	1.3	0.1
2月21日	-11	-10.6	-5.7	-3	0.3	0.5	0	-2.5	-10.1	-4.1	1.1	-3.2	-0.8	-6.6	-9	-4	-3.1	-3.1	5.6	1	3.9	5.6	7.8	2.6	1.7	0.3
2月22日	-5.4	-6.1	-4	-6	-2.4	-4.6	-8.4	-1.8	-7	-4.1	-0.6	-1	-0.5	-5.4	-5	-1.7	0.2	-0.7	4.7	1.4	1.5	2.5	0.1	1.9	5	0.8
2月23日	-9.2	-4.8	-4.3	-4.3	-7.5	-1.9	-4.3	-1.2	-5.1	-0.8	-4.1	-4.7	1	-3.7	-2.7	-2.5	-1.9	0.3	-2.3	4.7	0.7	-0.2	1.7	4.5	3.4	2.2
2月24日	-2.5	-1.6	-0.4	1.3	-3.1	-0.6	0.5	9.4	-1.3	-0.4	-1.2	0.8	2.8	4.1	1.7	5.4	1.7	1.8	6.4	7.7	6.7	4.7	8.8	10.4	12.4	2.4
2月25日	-14	-0.7	0.4	-3.3	2.3	0.1	-2.6	4.1	-3.6	-0.3	4.8	5.6	4.8	-1.3	-3	4	2.3	4.1	8.3	0.1	4	4.6	7.2	7	2.6	1.2
2月26日	-15.1	-3.9	0.3	0	-2.6	-4.1	-3.6	5	-1	4.7	-3.5	2.8	3.4	-0.3	0.3	2.5	3.7	0.6	6	-2.5	2	1.5	6.9	5.8	4	1.8
2月27日	-12.8	-1.8	1.6	0.4	-7.7	-5	1	2.4	2.7	6.7	-4.4	1.8	3.3	1.1	2.7	3	4.7	5.3	2.5	-0.2	1.6	1	3.2	1.2	5.9	6.5
2月28日	-13.8	-2.2	0.6	1.6	-0.3	1.8	1.7	1.5	-2.9	2.4	0.7	-5.3	-1.2	-0.5	0.1	0.4	2.2	3.6	0.4	-0.2	0.6	0.2	0.3	0.6	8.8	0.9

（续）

日期	牡丹江	特克斯	阿克苏	银川	兴城	营口	太谷	万荣	庄浪	天水	昌黎	顺平	灵寿	洛川	旬邑	白水	凤翔	西安	泰安	胶州	威海	烟台	民权	三门峡	昭通	盐源
2月29日	-8.9	-5.5	3.5	2.9	-0.8	-0.1	0.8	2.8	-3.7	-0.3	-1.7	3	3	0.6	-0.2	2.9	3.7	4.7	4.5	2.6	3.1	3	-0.5	2.2	3.5	0.7
积温	0	0	0	2.9	0	0	0	4.55	0	0.75	0	0	0	0	0	2.05	2.3	3.65	2.15	0.85	0.25	0	9.35	12.5	50.3	16
3月1日	-12.2	-5.6	0.7	-0.2	-1	-1.6	2.5	2.1	1.4	6.5	0.2	-2.1	2.4	0.9	2.5	4.1	6.8	4.3	4.8	4.3	2	2.8	6.3	3.2	6.6	0.6
3月2日	-9.3	-4.5	5	-2.9	-8	-5	-2.2	3.9	-0.6	1	-7	-2.5	1.7	-0.2	-0.5	2	1.7	2.6	-1.5	-3.1	0.1	0.5	2.2	3.6	4.6	4.5
3月3日	-12.6	-2.7	1.8	-4.9	-1.9	-2.5	-2.5	3.4	-1.7	3.2	0	2.5	1.2	-1.1	-0.5	1.6	2.3	1.7	2.1	1.4	-0.1	-0.4	0.2	3.6	5.1	3.1
3月4日	-5.6	1.4	2.1	-5.1	-4.1	-5.4	-6.3	-2.1	-3.7	-0.9	-3	-7.7	-1	-3.9	-3.8	-1.9	-0.7	-1.1	-1.8	-1	-0.1	-0.1	-2	2.1	2	1.1
3月5日	-12.8	0.3	2	-2.6	-7.4	-5.6	-5.3	0.6	2.5	3.4	-2.6	-2.5	-2	-1	-2.6	-1.1	0.1	-1.3	-2.1	-4.5	-1	-3.3	-0.5	0.9	4.2	0.8
3月6日	-14.7	-2.8	3.2	1.4	0.3	2.1	-1.2	1.9	-0.4	4.7	-0.9	-2.2	0.6	-0.7	-1.7	0.9	2.5	2.2	3.9	2.2	3.4	0.8	2.6	4.8	7.1	4.9
3月7日	-5.3	-1.7	4.6	-2.2	2.5	3.6	-4.3	0.9	-1.6	3.2	3.6	-1.3	4.5	-2.8	-1.6	1.6	2.6	4.1	4.3	6.2	5.7	5.2	1.5	6	4.4	3.2
3月8日	-4.7	-9.8	0.7	5.7	1.3	1.8	-0.4	7.7	4.5	8.3	2.3	-0.4	4.4	1.4	2.5	4.4	3.8	5.2	7.2	4.7	5.9	4.5	5.8	8.8	10.3	6.1
3月9日	0.7	-9.8	-0.4	-0.4	1.7	0.7	2.4	7.1	-1.5	3.8	3.5	3.3	5.5	1.3	0.6	5.4	2.7	6.6	7.7	5.9	4.3	4.3	8.9	8.2	7.4	2.3
3月10日	-5.8	-8.2	-2.6	-3.8	-2.8	-3.4	-2.8	2.6	-7.7	-2.3	-0.3	-0.4	2.9	-3.9	-6.2	-1.3	-2.5	-0.9	1.6	1.7	3.4	3	4.7	4.7	1.6	1.5
3月11日	-7.2	-1.7	0.2	0.5	-6	-4.1	-5.1	-0.9	-4.2	-0.5	-3.5	-3	1.8	-5	-2.6	-0.4	-0.8	0.6	-1.6	1.8	1.6	0.3	1.5	3.2	4	4
3月12日	-8.3	-5.7	0.1	4.1	-0.2	2.8	0.1	4.1	-0.1	2.9	0.3	3	6	-2.1	-0.3	3	2.9	2.1	9.2	7	5.4	6.2	6.3	7.4	4.5	3.3
3月13日	-11.1	-3.2	1.9	-2.4	-7.4	-4.5	0.8	8.8	-0.8	4.8	-3.5	2.2	3.6	3.3	2.3	7.5	5.6	9.4	8.1	5.5	1.1	3.3	6.6	8.7	4.5	4.7
3月14日	-5	-2.8	1.8	-4.4	-3.4	-0.8	0.1	0.1	-5.6	-1.6	1.2	-0.2	3.1	-4.2	-3	-1.8	-0.4	0	4.4	1	1.7	0.3	4.7	3.2	4	4
3月15日	-4.8	-2.6	2.5	-3.1	1.4	0.5	-0.1	2.2	-1.5	0.8	3.4	9.9	8	-4.2	-0.3	1.1	1.8	2.4	2.2	6	1.3	5.2	3.1	4.2	5.3	10.1
3月16日	-9.6	-1.6	2.7	1.7	-7.7	-6.3	2.5	8.3	2.4	5.5	-3.4	1.8	3.4	4.1	5.3	7	7.2	7.3	5.9	1.1	2.2	-1.4	7.5	8.6	5.7	8.7
3月17日	-10.5	-1.4	2.6	-0.9	-0.4	2.6	-0.1	3.2	-4.3	0.1	-0.1	0	5.4	-1.8	-1.1	3.4	1.9	8.2	5.6	6.8	9.7	6.4	6.9	9.1	4.5	4.8
3月18日	-0.5	3.5	2.6	1.6	-1.1	6.2	7.1	4.4	-2.7	0.4	5.8	4.2	7.6	-2.4	-0.8	4	5.1	3.2	4.9	9.8	10.9	7.5	8.2	8.5	3.7	4.5
3月19日	0	2.4	4.6	0.3	4.8	3.8	2.4	7.9	-2.4	0.7	7.7	8.2	6.8	0.2	-2.5	6.4	3.4	8.1	9.4	6.8	4.9	4.3	7.3	10	5.3	4

（续）

日期	牡丹江	特克斯	阿克苏	银川	兴城	营口	太谷	万荣	庄浪	天水	昌黎	顺平	灵寿	洛川	旬邑	白水	凤翔	西安	泰安	胶州	威海	烟台	民权	三门峡	昭通	盐源
3月20日	-1.1	3.8	5.8	4.7	-3.1	2.8	2.8	4.9	1.3	5	6.3	2.8	7	0.4	3.3	4.4	5.2	6.7	9.1	6.7	8.5	5.2	7.4	9.5	3.6	0.6
3月21日	-2.9	0.5	6.8	6.3	3	3.4	5.2	9.7	6.1	10.2	7.4	13.5	12.1	5.4	7.6	9.8	11.8	10.2	9.9	9.8	6.8	6	12.4	14	14.8	5.1
3月22日	-3.9	2.9	9.7	4.3	-1.4	1.1	0.3	12.1	0.3	3.3	1.1	-0.3	5.3	1	2.7	7.5	5.5	10	10	5.7	5.7	4.1	7.6	13	7	2
3月23日	-5.2	2.8	7	9.8	0.5	0.5	3.2	8.1	2.1	5.1	5	4	9.4	2.7	3.6	5.4	5.4	5	6.4	7.6	9.1	8.1	5.9	11.1	9.1	3
3月24日	-6.6	2.8	8.4	3.5	-2.1	1.8	6.9	10.4	3.1	5.9	3.1	9.7	8.3	6.6	5	7.1	6.9	11.4	8.4	7.7	7.7	8.9	9.7	11.7	8.3	6.1
3月25日	-4.2	1.3	10.1	4.9	6	12.1	8.4	12.6	3.7	7.4	7.3	8	11.5	7.7	9.5	8.9	7.4	9.8	11.3	8.1	9.7	9.1	10.6	14	8.5	3.9
3月26日	-0.7	-1.1	8.5	3.1	4.1	2.2	3.7	10.2	3	7.3	6.1	6.7	7.9	6	4	10.1	8.7	11.2	10.5	9.9	4.9	6.6	9.2	12.9	9	2.8
3月27日	-2.8	1	7.6	0.4	-2.5	-1	-1.7	6.1	-2.2	7.3	-1.1	1.4	2.6	0.7	1.4	3.8	3.9	5.9	6	5.3	4.8	4.3	6.5	4.1	11.7	3.6
3月28日	-4.3	0	5	2.5	-3.9	-2.3	-2	3.8	-1.9	2.2	-2.9	-0.8	2.9	2	-0.4	1.7	3.1	3.2	3.4	3.3	3.9	2.8	4.1	4.5	8	8.1
3月29日	-0.3	0.8	6.3	3.1	-5	3.9	1.6	5.2	2.1	3.2	0	0.6	4.8	1.2	1.5	3.7	3.6	4.6	6.7	2.4	2.4	0.6	6.9	3.9	5.9	9.9
3月30日	4.1	-2	8.6	4.6	-0.2	5.3	2.4	2.5	-1.2	2.6	1.7	0.9	4.7	0.6	1.2	0.6	6	5.9	1.7	4.2	4.2	4.1	1.1	2.9	5	8.8
3月31日	4.2	-1	10.7	3.6	6.4	8.1	5.6	8.3	0.5	5	6.4	6.7	7.3	4.9	2.8	5.2	4.5	4.8	5	5.9	5.6	5.9	7	7.8	4	8.9
积温	0.65	0	34.5	17.3	1.6	6.05	34.4	73.3	4.35	32.6	14.9	43.6	64.7	20.7	16.7	46.2	36.9	69.2	68.5	43.4	18.5	22.4	72.7	94.7	145	135
4月1日	-1.9	4.2	9	3.1	-0.1	2.7	3	8.6	3.8	7.9	7.3	8.6	6.5	4.1	5.2	7	9.1	10.8	8.4	7.6	6.5	7.2	4.7	8.9	7.6	9.7
4月2日	-1.2	7.5	8.7	2.2	-2.6	5	2.6	5.3	1.8	5.5	1.8	0.9	5.9	1.7	2.9	4	5.7	7.1	7.6	5.9	7.3	4.5	6.7	5.3	8.7	6.3
4月3日	-1.8	3.3	8.9	1.6	3.5	5.7	-0.9	6.7	0.7	2.3	4.3		8.3	3.1	3.8	5.3	5.4	5.1	-0.5	6.1	7.8	6.5	1.3	7.3	8.4	5.7
4月4日	-4.1	5.6	8.4	2.8	2.1	1.6	1.2	7.2	0.6	3.6	6	11.9	10.7	1	2.5	3.9	5.7	5.4	2.9	8.2	6.1	6.9	4	8	6.1	5.8
4月5日	-4.6	4.1	7	6.4	-4.5	-1.6	4.8	10.6	2	2.5	0.9	1.9	6.6	5.8	5.4	7.2	7.3	9.7	3.9	1.8	4.3	3.7	7.5	9.8	2.8	5.4
4月6日	-4.3	4.1	8.8	5	-1.8	3	3.4	6.6	-0.3	3.2	4.5	4.4	8.8	1.7	1.5	4.6	3.8	3.8	9.6	5.8	8.4	7.5	8	8.5	4.5	7.2
4月7日	-0.7	6.1	10.7	6.9	5	3.8	5.2	7.2	4.6	9.2	9.5	9.8	12.7	1.8	3	5.2	6.7	10.4	7.1	9.4	9.1	10	7.1	9.7	5.4	4.8
4月8日	-1.1	5.8	10.2	6.2	2.3	2	5.9	11.9	-1.2	4.2	0.7	4.1	7	6.2	3.1	7.2	5.8	4.9	10.6	7.6	8.2	8.1	8.1	11.3	5.5	5.9

（续）

日期	牡丹江	特克斯	阿克苏	银川	兴城	营口	太谷	万荣	庄浪	天水	昌黎	顺平	灵寿	洛川	旬邑	白水	凤翔	西安	泰安	胶州	威海	烟台	民权	三门峡	昭通	盐源
4月9日	-0.3	5.1	10.5	6.1	-1.5	2.7	5	10.3	2	5.2	2.9	6.7	6.3	7	7.5	6	8.7	7.6	6.3	4.4	6.5	5.2	9.7	9.6	8.6	5
4月10日	-1.9	-1.7	15.4	6.5	-1.2	1.6	0.4	4.3	4	7	2.5	3.2	4.8	5.1	5.2	5.3	7.1	7.7	3.3	5	5.7	5	5.9	4.2	8.4	5.9
4月11日	-0.4	0.4	16	2.1	-0.9	4.6	-2.2	5	-1.1	3.2	4.7	5.6	6.1	2.7	0.8	3.6	4.8	6.6	3.8	6.5	7.7	7.5	4.8	3.6	10.1	5.3
4月12日	-5	6.3	14.4	1.3	7.2	6.2	0.2	2.3	-2.5	0.8	5.2	13.9	9.5	-1.7	-1.4	2.4	2.4	4.6	3.3	6	7	8.1	6.3	4.7	6.1	7.6
4月13日	-1.6	6.9	15.4	3	1.3	4.5	-0.2	3.4	0.9	4.5	5.1	3.1	8.5	-1.6	1.7	2.5	3.9	6.9	1.6	6.1	6.7	7.2	4.5	7.1	7.7	6.7
4月14日	1.6	9.1	14	5.2	0.5	10.5	3.1	8.6	5.2	6.2	6.4	5.8	11.4	6.8	7.3	7.6	11.2	6	6	10.1	9.6	9.9	11.2	11.5	6.2	0.9
4月15日	-0.9	8.2	15.2	8.1	8.5	7.8	6.3	8.7	4.6	6.5	8	6.7	11.8	5.9	5.5	7.5	9.2	10.9	6.9	10	9.8	9.4	9.9	10.9	6.8	5.6
4月16日	-2.1	4.5	16.9	3.6	4.4	7.8	10.9	13.8	8.4	11.6	8.7	12.3	13.8	9.6	10.5	13.1	13.6	12.4	13.9	11.1	10.7	9.9	16.2	14.3	9.8	9.6
4月17日	0.7	3.7	12.7	4.8	7.2	9.7	7.1	7.7	4.2	12.5	8.8	14.6	11.9	3.6	3.2	10.8	13.6	11	8	9.8	9.2	8.9	11.5	10.9	12.9	9.6
4月18日	1.2	7.7	12	10	7.1	7.2	6.5	9.8	0.5	6.8	7	7.2	11.1	5.8	5.7	7.3	8.5	9.9	7.2	8.1	9.2	9.6	8.1	9.5	11.2	10.3
4月19日	1.2	3.4	9	5.1	8.5	11.3	7	7.9	1.9	6.4	11.5	13.2	12.9	4.3	5.1	5.7	7.6	5.9	10.8	9.8	9	10.3	10.7	8.3	11.7	8.5
4月20日	6.2	4.4	10.6	2.4	8.1	6.5	3.8	10.8	7.7	12.2	10	4.3	9.3	5.7	6.4	9.1	11.5	13.1	11.4	9.1	8.9	9.2	13.3	13	11	10.9
4月21日	-1.3	4.5	8.8	2.1	1.4	3.5	0.6	7.3	4.7	8	4.7	0	6.7	3.7	5.1	8.1	7.9	9.4	8.2	5.7	6.8	6.6	7.6	9.6	10.2	9.7
4月22日	-1.5	5.9	9.8	-0.3	-0.7	1.1	-3	5.7	-0.4	3	3.2	4.3	4.3	0.2	1.4	4.6	1.7	4.6	7.4	5.1	6.5	5.8	9.1	6.1	8.4	10.2
4月23日	-2.5	7.4	11.2	0.1	0.3	2.1	-1	4.1	-0.5	4.4	4.7	4.5	7.1	-0.1	1.9	5	5.3	8.1	1.5	5.7	7.6	6	3.6	6.6	3.9	8.8
4月24日	0.1	6.7	9.8	-1.3	0.8	6.9	3.7	1.9	-1.3	3.1	10.8	1.4	9.5	-3.1	-3.6	1	4.6	0.2	2.4	5.5	10.1	6.7	5.5	5.2	3.8	4.3
4月25日	-2	8.1	13.8	3	8	8.1	14.4	4.9	-0.4	4.9	12.3	12	14.5	-1.9	-0.3	4.5	7.7	6.3	10	14.6	10.3	11.3	9.9	9	6.6	2.1
4月26日	-2.5	9.1	14.7	5.9	4.6	8.5	4.3	9.7	-2.3	2.4	7.8	9	10.5	4.5	0.2	9.2	8.2	9.9	4.8	6.3	11.5	7.7	10.3	10	5.8	3.4
4月27日	1.8	11.7	12.7	9.5	3.2	5.9	9.3	12.9	0.3	3	4.1	6.6	11.2	7.1	2.8	9.5	10.1	10	7.2	9.1	9.7	8.2	11.6	12.9	4.9	4.7
4月28日	7.1	10.7	14.3	7.8	3.5	12.2	6.7	11.1	5.2	6.4	14.4	6.4	12.7	6	4.9	7.4	8.8	8	9	10.4	12.3	11.4	9.6	10.9	4.6	3.6
4月29日	2.3	11.8	14.2	11.3	10.3	12.9	9.7	13.1	6.3	9.3	15.4	10.2	13.4	8.7	9.1	9.9	9.3	13.6	11.8	12.5	12.8	14.8	12.9	13.7	10.9	10.1

（续）

日期	牡丹江	特克斯	阿克苏	银川	兴城	营口	太谷	万荣	庄浪	天水	昌黎	顺平	灵寿	洛川	旬邑	白水	凤翔	西安	泰安	胶州	威海	烟台	民权	三门峡	昭通	盐源
4月30日	3	10.9	17	9.6	10	13.2	10.7	13.6	7	10.9	11.8	12.4	17.1	9.5	8.4	13.1	13.3	15.5	14.7	12.7	15.8	12	16.9	16.7	11.7	8
积温	7.55	94.6	255	108	53.5	53.5	126	222	40.8	132	108	177	242	91.8	71.1	154	156	214	181	142	97.3	103	225	254	246	296
5月1日	28.2	17.8	29.5	32.7	23.5	27	35	34.6	28.5	32.4	31.9	33.2	34.8	32.5	30.4	33.4	32.4	33.7	31.2	32.7	31.8	33.5	30.8	33.2	20.8	19.1
5月2日	31	20.7	26.4	33.7	25.3	25.7	36.9	36.3	28.5	32.9	28.4	30.4	31.4	32.6	31.1	34.9	34.1	36	31.2	20.9	25.6	25.2	33.2	35.3	25	23.5
5月3日	15	24.2	26.8	26.7	15.7	18	36.3	36.4	30.1	33.9	16.7	26.6	29.2	33.8	31.5	33.7	33.2	34.7	33.9	22.1	17.4	19.4	38	36.5	28.5	23.1
5月4日	14.4	17.6	24.8	20.1	15.3	16.1	21.1	28.8	24.1	27.5	15	19.1	18.7	27.2	26.9	29.3	31.4	31.9	24.5	20.3	13	14.1	26.9	26.4	28.5	23.1
5月5日	17.9	19.8	26.7	27.3	20.3	17.8	23.5	25.3	24.6	26.1	25.3	21.9	23.9	22.7	22.1	23.9	20.6	23.7	25.4	18.6	19.5	18.4	22.6	22.4	29.8	25.1
5月6日	19.8	17.3	24.6	22.6	24.6	26.2	27.6	25.2	22.3	22.9	21.4	24.1	24.8	20.9	20.9	24	19.8	25.9	27.3	21.4	18.5	19.2	24.2	20.8	30.4	26.1
5月7日	23.7	20.8	21.1	24.6	18.8	22.5	16.2	18.3	15.5	16	16.4	17.9	18.3	15.7	15.7	17.1	18.1	18.3	22.4	20.8	25	24.7	19.4	16.1	30.6	25.9
5月8日	18.9	22.2	21.8	17.6	14.9	17.8	21.7	22.9	12	15.3	12.7	15.5	16	21.6	16.9	24.3	19.1	23.6	17.7	15.8	13.2	15.4	17.6	22.8	30.8	24.9
5月9日	19.8	25.5	25.3	23.7	18.2	18.7	15.3	18.7	16.8	19	19.1	19	19.7	15.6	14.6	16.7	17.5	18.4	19.7	14.1	13.2	13.4	16.5	18.5	27.7	24.1
5月10日	23.3	21.7	21.5	18.5	27.2	20.9	25.6	26	20.9	23.9	26.5	27.2	27.4	24.2	22.2	24.9	22.7	23.3	25.7	26.2	23.4	25.5	27.2	25.4	28.2	26.3
5月11日	19.5	21.3	25.3	21	26.2	19.2	24.2	23.6	16.9	19.3	23.7	29.2	29.3	20.7	18.1	21.4	20.1	21.8	22.4	20	21.8	20.6	25.9	22.5	16.2	26.1
5月12日	14.5	20.3	27	26.4	23.7	20.5	28.5	27.9	21.9	25.1	24.7	27.2	24.7	24.8	22.9	26.8	24.2	27.1	24.8	21.9	17.6	19.3	28.2	27.9	23.1	25.8
5月13日	18.9	24.1	30.1	24.6	29.3	21.6	25.8	26	16.5	21.9	27.3	27.4	28.4	15.6	14	18.8	17.4	18.6	29.7	25.7	25.5	26.9	31.3	24.2	28.7	23.1
5月14日	27.9	25.6	31.5	24.6	27.1	16.4	28.2	30.9	24.4	28.3	26.9	28.5	29.4	26	23.9	24.5	24.6	26.4	23.6	23.8	21.8	20.8	23.7	24.3	28.8	24.3
5月15日	26	17.7	28.2	29.3	29.3	20.3	30.7	30.5	24.6	29.7	16.2	24.2	25.5	27.2	25.7	29.3	29.1	30.2	27.5	23.8	16	19.6	29.9	29.9	28.9	27.4
5月16日	17.8	21.6	29.3	25.3	24.8	21.7	28.6	33.6	23.2	31	17.3	21.3	24.3	29.2	28.4	29.3	31.1	32.5	29.6	27.7	22.7	25.9	31.6	30.4	21.5	24.2
5月17日	20	20	29.4	22.7	18.7	16.5	25.1	30.6	22.3	26.3	23.7	24.1	24	30.4	30.3	33.9	34.1	34.5	31	26.3	20.5	18.6	33.7	32.7	22.4	21.6
5月18日	12.3	23.2	25.4	23.6	18.7	16.5	28.6	26.4	23.3	26.3	18.7	25.3	25.8	24.1	22.7	26.4	25.3	25.6	22.3	20.8	14	14.7	25.7	24.8	27.1	22.6
5月19日	13.2	19	25.6	27.2	25.7	17.1	28.1	29.2	22.3	26.2	25.9	28.7	29.9	24.5	19.2	25.4	22.8	25.7	29.8	22	16.6	17.8	31.5	28.6	29.5	25.7

日期	牡丹江	特克斯	阿克苏	银川	兴城	营口	太谷	万荣	庄浪	天水	昌黎	顺平	灵寿	洛川	旬邑	白水	凤翔	西安	泰安	胶州	威海	烟台	民权	三门峡	昭通	盐源
5月20日	20.7	13.4	23.3	30.2	21.8	20.6	30.7	26.7	18.3	21.9	21	29.8	30.5	24.1	20.1	24.3	20.4	24.5	31.1	25.7	22.8	22.7	32.7	25.1	26.9	24.4
5月21日	19.8	19.2	27.5	30.5	16.5	18.8	32.1	29.6	24.8	28.4	16.5	25.5	26.1	26.6	26.6	28.1	29	28.7	31.5	24.4	20.8	21.3	32.9	28.9	19	25.5
5月22日	21.9	23.4	27.6	31.8	18	17.1	30.9	31.9	27.1	30.8	24.8	32.2	33.1	26.7	27.3	29.6	29.1	30.7	33	27.5	16.4	17.3	34.4	31	19.2	20.8
5月23日	18.7	25.3	28.9	21.5	17.9	17.2	26.6	29.1	19.7	25	17.9	26.6	28.4	25.3	24.9	28.1	29.7	30.5	30.9	29.4	20.2	22.3	34.9	29.5	22.5	19
5月24日	21.3	27	30.9	25.3	24.6	21.7	24.9	25	16.7	19.2	26.4	29	29.8	22	18.8	22.7	20.2	22.4	28.8	26.3	21.3	23.5	30.2	23.5	20.6	24
5月25日	20.4	28.1	28.7	22.4	24.5	24.3	29.4	29.5	23	26.5	23.1	26.5	29.2	26.4	25.2	27.6	29.1	29.1	30.7	26.6	23.2	24.6	31	28.6	13.9	17.5
5月26日	17.6	30.2	28.7	24.1	23	21.2	26.4	29.4	18.4	20.4	26.2	27.7	28.6	24.3	23.9	27.2	27.9	28.9	28.1	23.9	19.6	18.2	29.7	28.8	14.6	9.6
5月27日	20.8	31.4	32.4	27.2	18.6	19.1	29.5	30.2	21.7	25.4	22	30.4	31.1	27.3	25.2	27.9	27.6	28.7	30	24.9	24	24.3	35.2	28.8	11.4	10.3
5月28日	24.2	28.9	34	27.8	20.4	21.5	31.7	32.6	23.7	27.7	23.3	33.1	35	28.6	26.3	29.9	30.2	31.9	34	27	19.8	20.4	36.5	31.5	14.5	10.1
5月29日	28.2	27.2	29.2	29	23.3	24.3	31.8	32.5	25.1	28.7	21.8	31.3	34.6	27.8	27	30.1	30.4	31.7	31.7	24.5	25	25.6	31.5	31.6	23.8	21.9
5月30日	30.3	24.4	26	28	22.3	25.6	28.4	30.3	22.7	26.8	26.6	30.5	31.4	22.4	23.6	26.5	29.3	30.9	22.5	20.9	25	26.1	26.6	29.8	28.9	24.4
5月31日	30.6	27.1	29.9	26.3	19.5	21	26	31.1	25.4	29.7	21.7	29.4	30.1	25.5	27	30.2	30	31.7	30.3	23.8	18.5	19.5	33.9	30.8	22.8	25.5
积温	150	291	628	372	251	269	435	594	195	393	349	499	619	322	279	462	461	556	550	423	318	335	626	615	510	553
6月1日	17.8	30.6	32.3	27.3	25	24.2	27.9	30.3	16.4	19.2	28.4	31	30.1	24.7	22	28.2	25.8	27.7	30.4	27	27.5	28.6	36.2	31.3	26.6	22.7
6月2日	25.4	32	32.7	32.4	22.2	22.1	30.6	30.1	25.7	29.2	26.7	34.1	36.3	28.3	25.8	28.6	31.6	29.7	32.3	25.7	24.3	23.9	34.3	29.1	17.2	23.9
6月3日	22.7	27.7	33.5	34.2	27.5	21.8	35	36	28	31.1	31.7	35	38.3	33.6	31.8	34.3	35.5	35.7	37.1	31.7	28.6	31	38.6	34.7	21.3	23.2
6月4日	20.8	28.1	33.4	36.1	25.6	24.9	36.4	38	27.6	29.5	24.2	32.2	32.6	33.6	31	35.1	35.4	36.3	38.7	34.4	26.3	22.9	38.9	36.4	26	23.9
6月5日	22.4	26.1	34.2	35.9	26.4	27.4	33.6	36.4	29.3	32.9	26	30.5	30.7	33.8	32.8	35.1	36.9	37.6	36.5	27.2	21.5	23.6	35.3	35.5	25.2	23.6
6月6日	25.4	20.7	32.1	32.5	28.8	29.6	34.3	34.6	25.9	29.5	26	31.2	32.1	30.4	27	32.2	32.9	34	36.2	26.1	25.9	24.4	36.8	33.5	24	23.7
6月7日	29.7	24	24.3	31.3	25.9	29.7	34.3	35.6	21.3	27.9	29	35.7	37.3	31	28.6	33.5	28.9	33.8	37.1	33.3	30.8	32.2	37.1	32.4	25.8	26.8
6月8日	32.5	25.5	25.7	23.8	26.8	30.8	27.4	28.1	18.9	22.9	35.6	35.5	35.5	23.1	21.4	25.5	22.9	26.6	35.6	28.7	29.1	31.6	35.4	27.2	23.8	29.3

（续）

日期	牡丹江	特克斯	阿克苏	银川	兴城	营口	太谷	万荣	庄浪	天水	昌黎	顺平	灵寿	洛川	旬邑	白水	凤翔	西安	泰安	胶州	威海	烟台	民权	三门峡	昭通	盐源
6月9日	31.5	23.3	23.9	28.6	24	26.9	27.9	20.6	23.7	26.2	23.9	30.1	30.9	21.2	18.1	19.5	22.9	20.5	26.8	25.1	27.6	27	29.2	18.9	22.9	27.6
6月10日	28.9	23.9	27.1	25.8	26.6	25.1	32.4	29.5	24.4	27.8	29.4	32.8	35.9	27.7	24.2	27.5	27.7	27.4	34.4	27.8	22.9	23.7	32.8	26.8	24.5	27.7
6月11日	25.5	16.1	25.4	26.1	26	27.7	25.5	27.9	21.6	24.7	23	31.6	31.9	22.4	22.1	26.4	22.5	26.6	35.5	29	22.3	21.5	32	23.4	28.9	28
6月12日	30.8	21.9	21.3	31.2	29.1	28.1	30.9	31.5	27.3	29.2	28.7	32.3	32.3	25.9	27.7	29.6	30.7	30.4	28.1	24.5	26	25.7	23.3	28.9	26.6	29.5
6月13日	28.5	24.2	29.2	26.4	29.6	26.1	32.5	31.1	22.7	27.2	30.8	35.1	37.3	26	26.7	30	30.3	30.4	30.2	24.7	25.8	25.9	27.2	30.4	22.6	27.9
6月14日	23.1	26.4	29.2	28.9	32.2	29.5	31.3	33.5	25	28.3	31.2	33.9	34.8	29.6	28	31.4	32.4	32.4	34.7	31.9	25.5	27.4	33.4	31.7	23.5	19
6月15日	17.8	26.4	30.5	27.9	33.8	30.6	25.4	26.6	19.4	22.3	34.9	35.3	34.7	21	20	22.3	24.1	25.1	33.3	34.2	31.8	33.2	33.3	25.6	26.7	23.3
6月16日	27.3	29.2	25.7	28.2	29.2	29	21	18.7	18	20.8	27.9	32.8	31.1	16.6	17.3	18.2	18.5	18.7	29.5	33.3	26.9	27.9	24.3	18.8	29.9	27.4
6月17日	23.8	26.6	30.3	28.2	33.1	28.5	20.6	19	22.6	24.7	31.6	29.3	29.3	21	20.2	22.2	25.9	23.4	21.7	23	28.7	29	20	19.1	27	28.2
6月18日	19.3	24	30.9	32.5	27.9	28.1	31.3	29.4	27.6	30.8	26.2	31.8	32.5	29.1	28.3	30	32.6	32.1	20.9	21.4	21.7	22.6	26.6	29	17.8	21.3
6月19日	23	21.6	29.5	33.8	31	30.9	29.2	29.4	24.9	26.9	33.4	32.1	32.9	25.3	25.3	28.2	26.9	27.4	29.1	29.6	28.3	30.5	29.5	25.1	28.2	26.1
6月20日	24.6	24.9	30.4	33.3	33.8	28.4	33.8	30.3	23.6	26.7	32	33.7	35.2	26.8	25.7	28.8	28.9	31	30.8	28.7	29.9	30.3	30.3	27.2	30.1	28.6
6月21日	25.8	21.4	30.1	30.2	31.8	27.7	32.5	29.9	23.9	26.2	33.2	34.7	35.4	25.8	24.5	28	25	29.5	30.8	27	29.3	30.6	30.3	26.4	29.2	26.6
6月22日	25.4	28.9	32.9	24.3	28.1	27.3	27.4	25.9	20.1	24.8	30.4	31.8	33.6	22.9	22	23.6	25.4	24	29.6	25.5	29.3	29.4	26.6	22	23.3	26.6
6月23日	26.4	29.9	33.9	30.3	25.6	25	30	29.1	27.1	28.9	24.3	32.2	32.6	29.3	27.2	28.8	31.4	30.9	25.4	22.3	22.6	21.7	26.1	26.1	21.8	29.2
6月24日	26.4	25.9	29.9	32.2	26	23.5	34.1	33.3	28.5	32	25.5	31	33.2	29.9	29.1	28.8	33.3	32.9	30.4	24.5	21	20.3	32.9	32.5	27.4	25.4
6月25日	23	26.4	27.8	29.4	26.6	26.7	32.5	32	27.3	28.4	24.3	29.7	31.6	28	29.5	31.9	32.7	32.5	30.9	28.2	22.9	24.2	34.3	31.9	30.6	25.8
6月26日	18.6	30.7	30.7	31.5	26.6	27.1	23.7	26.2	21.8	23.8	26.9	27.6	29.5	20.6	19	26.6	25.3	26.4	29.8	28.2	27	27.6	33.1	26.1	30.9	28
6月27日	21	21	29.8	27.7	26.5	26.9	33.6	30.4	19.4	23.1	27.5	33	34.9	25.2	21.8	26.5	19.8	22.6	33.9	29.9	27.2	27.7	33.4	28	29.8	26.8
6月28日	23.1	28.6	22.2	29.8	30.4	29	28.4	29.4	26.2	28.5	32	30.9	31.9	23.6	21.8	26.5	22.5	23.3	33.2	27.2	28.1	26.5	29.5	26.5	28.8	28.7
6月29日	25.5	14.2	25.3	30.5	25.6	27.3	29.6	30.6	27.4	30.6	26.4	28.3	29.3	28.5	27.7	29.3	30.2	30	29.3	21.8	22.6	21.8	30.5	29.3	29.6	29

日期	牡丹江	特克斯	阿克苏	银川	兴城	营口	太谷	万荣	庄浪	天水	昌黎	顺平	灵寿	洛川	旬邑	白水	凤翔	西安	泰安	胶州	威海	烟台	民权	三门峡	昭通	盐源
6月30日	23.4	23.2	28.6	29.8	30.3	27.9	27.7	32.8	29.3	32.7	29.9	31.3	29.5	29.6	29.3	32.2	34.5	34.9	27.2	27.8	22.9	26	30.8	32	21.5	19.8
积温	**432**	**533**	**1 010**	**768**	**642**	**672**	**839**	**1 037**	**446**	**740**	**765**	**981**	**1 147**	**639**	**578**	**849**	**852**	**972**	**1 023**	**829**	**699**	**715**	**1 117**	**1 032**	**842**	**922**
7月1日	27.2	24.6	31	26.3	29.7	30	30.6	30.7	20.9	24.7	30.7	34.4	34.9	25.4	22.6	28.6	26.4	28.9	31.4	31.4	29.1	30.6	29.9	28.6	23.5	19.5
7月2日	28.9	26.8	32	32	28	28.4	23.8	32.2	28.3	31.5	26.9	27.8	26.3	30.2	28.4	31.1	32.9	33.1	27.6	29.4	26.7	28.8	31.6	30.4	25.6	24.5
7月3日	30.3	24.6	33	25.3	24.9	26.4	27.9	32	25.3	28.9	25.9	25.5	25.7	29.8	26.5	30.7	30.1	31.2	25.7	22.3	23.7	23.3	29.7	27.3	27.3	24.3
7月4日	30.9	25.7	32	29.2	28	26.4	22.3	27.1	26.8	30.6	29	28.3	29	23.1	25.6	27.3	31.6	30.7	25.7	27.7	25.5	26.7	30.1	29.9	26	23.5
7月5日	26.6	22.9	30	34.3	27	25.7	31.8	32	26.3	30.2	28.2	32.5	34.8	28.1	27.3	30.7	29.4	29.5	29.4	26.7	27	25.8	33.5	29.1	28.5	23
7月6日	29.2	21.9	31	34.8	24.3	25.6	33.7	35.5	29.9	33.7	26.9	31.2	30.9	33.1	31.4	34.1	33.9	34.4	34.3	29.5	24.2	27.6	37.5	34.1	28.5	26.3
7月7日	26	22.9	32	33.1	30.3	28.8	34.8	37.6	30.8	34.3	30.8	33.3	33.8	33.5	31.3	35.3	34.9	36.1	33.4	31.8	25.1	26.3	36	33	28.5	27.5
7月8日	27	27.5	34	29.3	27.7	29.1	31.9	34.3	29.4	33.1	30	30.8	31	30.1	29.5	33.1	33.7	34.8	32.5	29.7	27.1	27.4	33.4	32.3	25.3	22.5
7月9日	29.9	23.5	34	33.5	27.9	29.8	28.8	34.4	29.8	33.6	28.2	22.7	24.7	33.9	32	34	33.7	34.9	26.2	25.8	24.8	26.3	33.4	34.2	24.2	25.4
7月10日	27.4	26.4	31	33	27.5	29.1	28.6	27.4	19.2	23.2	27.5	23.2	23.2	23.2	22.1	25.9	26.7	26.7	30	31.2	27.3	27.3	32.2	26.3	25.2	24.4
7月11日	26.6	22.1	29	27.1	28.7	28.6	27.2	25.3	19.7	21.2	29.3	24.8	24.9	19.6	18.4	22.2	20.5	22.4	28.5	28.3	26.5	27.1	29.1	24	27.5	26.1
7月12日	28.6	20.3	31	28.7	29.2	29.9	21.9	23.7	25.9	28.4	26.1	25.2	24.8	22.2	20.1	23	24.5	26	23.1	23.3	22.1	22.7	21.7	20.7	21.4	24.2
7月13日	30	23.9	31	30	25.8	26	27.9	29	26.1	28.4	27.5	29.9	29.9	25.7	23.6	27.6	26	28.5	27.3	27	21.3	23.4	27.6	27.5	20.9	23.2
7月14日	32	26.7	31	31	26	25.4	29	25	21.4	23.5	31.7	28.6	31.1	22.4	19.8	21.9	22.4	23.1	28	28.6	25	26.2	27.7	23.4	27.2	24.7
7月15日	32.5	27	29	32.9	31.7	28.3	29.8	30.5	24.1	26.8	32.1	31.6	31.5	26.3	23.3	27.5	25.4	27	30.9	31.5	27.6	28.9	30.5	29.2	26.6	27
7月16日	32	28.5	27.7	29.6	28.4	30.6	31.1	31.7	23.4	28.5	31.4	31.4	32.3	27.3	23.3	27.2	23.6	27.6	31.7	29.9	29.7	30.7	32.2	28.6	27.2	25.9
7月17日	34.3	29.7	31	30.4	29.2	30.6	25.1	25.6	28.6	31.8	31.6	26.5	26.6	26.2	23.8	25.8	27.3	26	25.8	27.2	28.7	28.6	24.7	25.8	23.3	20.3
7月18日	32.5	25	33	27.8	26	29	25.8	26.5	19.5	23.2	26.7	28.4	27.2	21.6	19.1	24.2	20.8	23.5	28.1	22.6	24.5	25.8	28.6	25.8	23.9	23.8
7月19日	24.4	27.5	29	30.9	24.2	24.5	29.3	29.2	26	29.4	25.9	30.1	30.8	27.4	27.1	29.5	30.5	31.4	26.1	23	24.5	23.6	28.4	28	24	22.2

（续）

日期	牡丹江	特克斯	阿克苏	银川	兴城	营口	太谷	万荣	庄浪	天水	昌黎	顺平	灵寿	洛川	旬邑	白水	凤翔	西安	泰安	胶州	威海	烟台	民权	三门峡	昭通	盐源
7月20日	22.3	21.5	28	32.6	30.4	29.8	31.4	33.7	25.5	27.5	33.6	33.6	36.2	28.4	27.1	30.9	28.4	31.6	32.3	30.8	27.4	30.2	31.7	32	23.6	18.2
7月21日	30.7	25.7	30	31.4	32	29.2	31	28.9	18.8	21.9	33.7	31.6	32.7	24.6	22.2	25.4	23.1	25.1	31.3	28.8	28.9	30	30.8	26.2	27.9	26.4
7月22日	30.1	24.1	28	30.8	28.9	29.5	23.6	22.1	26.4	28.2	32.6	30.5	30	20.5	20	21.8	23.2	24.7	24.7	23.6	26.5	28.1	23.4	22.6	28.9	26
7月23日	32.8	25	30	26.5	32	33.7	30.1	29.7	21.7	21.6	30.8	31.7	32.7	24	19.4	23.9	20.1	22.4	29.8	26.1	21.4	21.2	29.5	26.8	29	26.2
7月24日	32	29.9	33	28	36.4	32.8	31.3	28.5	20	24.3	36.5	34.1	34.7	19.7	18.9	23.6	19.8	21.9	33.6	31.1	26.3	27.5	31.2	24.8	29.3	26.7
7月25日	29.9	28	34	32.8	32.5	30.9	23.9	23.3	22.6	23.6	34.3	30.9	31.2	19.7	19.3	20.5	22.8	22.9	31.2	31.4	26.6	28.5	31	22.1	29.4	26.7
7月26日	30.2	30.7	35	34.7	28.1	29.1	26.7	27.7	29.4	32.4	28.7	24.8	28.1	29	30	27.8	33.7	32.5	25.9	24.9	24.3	26.9	25.7	28.8	23.1	20.9
7月27日	29.7	29.7	32	37	27.7	28.6	28.7	31.1	30.7	33.4	27.1	23.3	24.1	30.7	30.5	29.4	33.9	33	27.2	27.2	27.4	27.5	28.2	29.7	27.7	26.5
7月28日	27.7	25.3	33	35	27.2	28.5	29	31.3	27.2	30.1	28.3	30.3	30.5	27.8	27	28.8	28.1	28.4	30.2	28.9	24.7	28.1	30.6	26.6	29.1	25.9
7月29日	27.9	27.2	33	35.1	27.7	29.4	31.8	33.5	26.7	24.3	29.8	31.5	32.6	29	27.6	30.4	29.5	31.9	30.7	29.3	25.6	27.6	30.2	29.4	29.2	23.6
7月30日	28.3	25.2	32	30.7	31.4	30.2	33.1	32.9	23.9	27.5	34	31.8	33.7	28.6	26.5	30.6	26.1	31.4	32.4	30.6	31	32	30.2	30.7	28.4	25.6
7月31日	30.8	25.6	32	33.8	27.9	31	32.7	33	26.4	28.2	31.3	33.3	34.5	28.4	27.5	29.9	31.2	32.6	30	29.7	30.5	32.3	30.4	30.9	26	19.3
积温	831	815	1 452	1 241	1 085	1 146	1 258	1 516	746	1 135	1 245	1 454	1 650	1 005	902	1 268	1 268	1 426	1 496	1 275	1 119	1 148	1 608	1 472	1 211	1 285
8月1日	30.9	28.3	33	34.8	28.8	32.6	32	30	23.8	24.5	31.2	29.1	32.4	27.1	23.7	27.5	26.4	27.1	33.3	32	31.3	32.2	34	29.9	28	25
8月2日	31.7	24.8	34	33.9	28.4	28.4	33	33.1	28.4	28.6	28.9	31.9	33.6	30.9	28.7	30.5	31.7	32.2	32	30.5	27.9	29.5	32.3	32	27.3	25.6
8月3日	27.7	27.7	33	33.5	31.1	31.7	31.1	34.8	26	30.1	32.9	34.4	34.9	25.5	26.6	29.2	31.9	33.2	34.2	31.6	30.8	31.8	34.7	32.6	27.8	24.9
8月4日	29.2	26.8	34	26.6	31.5	29	28.4	29.9	24	27.1	34.1	35	34.3	27.6	26.7	31.3	27.7	30.4	33.3	28.7	28.5	30.5	30.1	30.2	30	26.1
8月5日	30.5	29.2	35	29.1	29.7	30.3	23.7	33.5	24.1	26.8	28.6	27.4	28.8	26.5	27	33	28.1	31.3	30.5	28.9	29.1	28.6	32.6	30.8	31.5	27.9
8月6日	27.4	30.1	36	32	31.5	32.7	20.3	25	23.5	28.1	30.4	27.5	22.8	23.8	22.7	26.4	28	29	27.4	28.9	28.6	27.4	31.5	28.1	31.8	28.8
8月7日	26.2	32.1	35	34.5	30.4	33.6	26.8	28.6	31	33.8	30.7	30.1	30.2	27.4	29.6	26.6	31.1	26.1	27.3	24.4	24.5	24.5	25.7	24.7	28.8	26
8月8日	24.3	31.1	35	33.6	28.4	29.7	28.4	31.8	27.9	30.6	29	29.9	30.6	28.7	26.1	29.5	30.9	30.6	29	27.4	23.2	23.2	29.4	30.7	24.4	23.7

日期	牡丹江	特克斯	阿克苏	银川	兴城	营口	太谷	万荣	庄浪	天水	昌黎	顺平	灵寿	洛川	旬邑	白水	凤翔	西安	泰安	胶州	威海	烟台	民权	三门峡	昭通	盐源
8月9日	26.9	24.9	34	32.4	29.1	29.4	31.9	33.2	30.7	33.6	31.3	32.9	33.4	30.3	29.7	32.4	33	34.5	32.5	30.4	26.7	27.2	32.3	33.7	27.1	25
8月10日	31	26.3	31	32.8	31.5	31.2	30.8	34	29.7	32.7	32.4	31.5	31.6	29.9	29.7	32.5	31.6	33.7	33.4	31.9	27.4	29.4	33.8	34.2	28.3	26.6
8月11日	29.9	28.7	28.1	26.6	32.9	30.9	32.5	31.7	24.9	25.9	34.8	32.8	32.6	26.8	26.8	28.5	27.8	31	33.4	32.2	30.1	32	32.8	29.8	27.7	26.1
8月12日	29.4	26.4	32.1	25.4	29.8	32.3	30.1	31.9	20.4	22.1	32.8	28.7	26	25.1	23.3	28.8	24.5	28.9	31.6	28	28.9	29.9	33.3	30.7	25.9	25.9
8月13日	25.5	22.4	29.8	31.9	28.1	27.7	30.4	30.3	25.5	26.4	28.9	32.1	34	27.9	26.7	29.4	30.2	31.2	29.2	32.2	30.4	32.5	32.8	27.6	22.9	20.6
8月14日	30.3	21.9	30.9	26.3	33.9	28.4	30.4	27	18.1	20.9	35.5	33.5	35.7	20.4	17.9	24.5	21.2	23.2	32.3	30.6	30.1	32.7	32.7	28.2	27.8	24.1
8月15日	27.4	26.2	31.6	27	30	29.9	20	21.8	18.3	21.3	27.9	30.3	25.4	19.6	18.4	21.5	20.6	21.7	32.8	32.4	29.3	28.5	32.9	22.6	26.9	26.2
8月16日	29.2	29.3	31.1	26.9	28.6	28.3	20	22.7	18.5	20.1	25.7	24.6	24	20.1	19.8	22.2	21.4	23.3	33.6	32.7	31.4	30.4	33.3	24.8	26.7	22.3
8月17日	29.7	26	32.7	20.1	29.2	29.6	27	29.1	15.9	17.9	28.7	27	27.3	24.9	18.5	24	20.3	23.7	34.9	32.2	33.6	30	31.9	29	22.7	19.1
8月18日	30.5	23.2	28.4	24.4	27.4	29.8	23.8	25.1	18.5	20.8	34.2	31.3	31.7	20.3	17.9	23.1	21.9	22	34.5	32.8	32.8	33	34.7	23.7	17.8	14.9
8月19日	23.5	21.4	24.8	23.7	27.2	22.5	20	22.6	24.6	23.1	23.7	26.2	26.7	22.3	18.1	21.4	21.1	23.6	30.6	33.7	32.9	29.3	30	22.1	20.5	15
8月20日	21.4	25.9	29	26.4	23.6	22.3	25	22.5	21.1	24.3	24.1	26.6	26.8	22.2	21.4	21	22.3	23.2	24.7	26.3	25.6	26.7	25.3	22.6	25	19.4
8月21日	24.8	27.9	28.8	25	26.2	25.7	24.7	25.9	20.4	22	24.4	27.6	27.8	22.1	22.1	22.9	21.1	25.6	25.6	21.8	22.5	20.9	24.1	20.2	28	26
8月22日	26.4	26.4	29.4	29.8	25.9	26.7	24.6	26	21	23.7	27.5	27.5	27.3	23.6	23.1	24.7	20.6	23.7	28.3	27.1	26.3	25.2	28.1	22.1	28	24.6
8月23日	28	29.5	32.8	22.9	25.9	26.9	27.1	29.8	18	19.6	28.2	28.4	29.9	24.3	22.8	27.5	20.6	25.4	29.7	29.8	29.7	29.3	30.3	26.7	27.7	26.6
8月24日	22.6	31.8	34.5	29.6	25.9	25.1	29.2	29.3	26	29.3	25.4	32.1	33	26.7	26.7	29.6	29.4	32.6	28.4	31.8	29.8	30.3	29.8	25.7	21.1	18.7
8月25日	27.9	25.3	36.6	32.7	27.8	28	30.6	31.3	27.4	30.8	30	33.1	35.7	28.9	28.6	31.1	31.6	33.1	30.7	28.6	25.3	26.5	29.3	30.8	26.9	26.2
8月26日	29	18.8	36.8	31.9	25.8	25.7	28.4	29.5	28.7	31.5	25.7	30.1	31.7	28.2	27.3	29.5	29.9	30.5	26.4	24.7	27.5	24.1	31.2	29.9	30.2	28.1
8月27日	25	18.9	28.9	29.7	25.6	22.8	29.1	30.8	27.6	30.7	29.4	31.9	33.4	27.7	26.9	29.5	28.6	30.9	28.6	26	26	25.1	31.5	31.2	30.8	27.6
8月28日	30.7	30.7	28.4	29.5	27.3	26	30.1	32.2	24.9	28.3	27.5	30	31.1	28	27.3	30.2	29.5	32	31.5	28.7	26	27.3	32.9	30.9	26.5	24.6
8月29日	21.5	22.3	25.9	23.9	25.6	27.2	31.3	32.3	25.6	30	26.6	30.3	32.1	27.3	27.3	30	29.5	32.8	33	30.2	27.1	27	33.1	30.8	26.2	24.8

（续）

日期	牡丹江	特克斯	阿克苏	银川	兴城	营口	太谷	万荣	庄浪	天水	昌黎	顺平	灵寿	洛川	旬邑	白水	凤翔	西安	泰安	胶州	威海	烟台	民权	三门峡	昭通	盐源
8月30日	23.4	25.3	25	18	27.8	29.7	29.6	29.7	13.2	16.6	27.7	30.4	31.6	20.4	19.5	24.7	21.8	26.2	32.8	29.4	26.6	27.3	32.9	29.7	26.4	19.9
8月31日	24.5	27	28.2	25.8	27.1	28.1	24.3	26.7	22.6	24.9	27.8	25.9	27.5	23.5	24	26.9	27	28.8	33.1	30.4	29.8	28.8	33	24.9	24	19.2
积温	1 215	1 108	1 922	1 643	1 531	1 623	1 658	1 983	1 017	1 503	1 723	1 946	2 164	1 352	1 221	1 685	1 668	1 881	2 032	1 789	1 616	1 639	2 153	1 927	1 586	1 630
9月1日	21.7	24.6	30	22.9	30.1	27.4	28.7	29.3	22.1	24	32.6	33.3	34.6	26.5	23.2	26.2	22.9	24.3	33	30.3	26.4	27.9	32.3	25.2	27.8	24.6
9月2日	25.3	25.1	29.9	24.2	26.9	26.6	26.2	28.4	24.5	27.6	28.2	29.1	29.3	23.9	25.1	27.7	29.5	30.7	29.1	28.5	27	26.7	31.1	27.7	23.5	25.2
9月3日	23.5	26.6	27.5	27.3	25.1	21.7	26.7	29.4	22.9	24.9	25.8	28.8	30	25.2	24.7	27.7	28.2	31.3	27.4	27.2	24.5	25.7	31.4	28.9	26	25.6
9月4日	23.8	22.4	31.2	29.2	26.4	25.3	29.5	31.1	24.8	26.9	28.9	30.2	31.3	26.9	26	29.5	29.7	31.8	30.4	28.9	28.5	27.9	33.8	30.6	25.6	23.5
9月5日	25.9	24.9	28.3	27.6	25.2	27.7	29.7	27.4	19.2	20.5	26	29.7	32.9	24.2	23.9	28.1	25.3	27.1	33.4	31.6	28.6	29.6	33.8	30.2	26.8	24.8
9月6日	26.7	22.8	27.2	30.2	25.9	27.7	30.6	30.1	24.4	28.9	27.5	30	32.2	28	26.7	29.1	31.1	32.1	33.1	31.4	28	29	34.2	30.2	17.7	21.1
9月7日	20	15.1	29	28.9	26.6	23.6	30	26.4	26.3	29.5	28.5	30.7	34.1	28	28.2	30	32.2	33.2	32.6	28.6	24.3	25.4	34.8	30.7	23.5	24.1
9月8日	20.6	20.7	27.5	28.7	28.1	26.2	28.4	31.9	26.2	28	28.9	30.8	32.6	28.3	27.1	30.2	29.2	31.5	31.6	27.5	26.3	26.7	32.5	31.8	24.6	20.2
9月9日	20.7	20.1	28.3	20.2	28.4	25.1	26.4	25.1	17.4	20.9	28.1	30.8	32	18.1	18.2	22.3	21.9	25.2	31.1	29.5	27.8	28.5	32.6	26.1	27.5	22.4
9月10日	21	21.3	28.6	24.1	19.6	20.7	27.5	28.8	22.6	25.4	23.9	28.7	31	24.9	24.3	27.7	26.1	28.8	30	26.7	27.3	28.3	28.1	26.7	19.3	18.5
9月11日	17.5	22.6	28.9	26.1	21.6	25.5	25.4	28.5	22	24.8	22.7	27.4	28.5	25.4	23.2	26.9	26.3	27.9	25.5	26	25.4	25.4	27.5	28.4	17.3	20.7
9月12日	17.9	25.3	21.7	26.5	25.4	22.3	24.8	26.1	20	22.7	25.5	25.4	26.6	22.8	23.2	25.6	24.7	28.3	26.9	25.6	24.2	24.2	27.4	25.9	18.5	20.7
9月13日	17.3	19.1	27	19.8	24.7	24.2	24.7	27.2	16	18.5	24.9	26.6	27.7	23.1	20.4	25.2	20.8	28.3	28.5	26.8	24.8	24.3	27.7	25.3	18	20.5
9月14日	16.6	22.4	26.5	23.2	24.2	24.1	21.5	23.9	16.5	18.5	24.9	22.5	22.7	19.2	17.7	22.2	21.8	24.6	27.5	25.5	24.5	24.8	28	25.2	17.6	20.1
9月15日	21.7	18.2	26.2	23.7	21.2	24	25.1	27.8	22.1	23.4	20.9	23.4	25.9	24.7	23.1	27.3	26.3	28.5	27.6	25.8	24.5	23.5	29.2	27.2	17.2	23.7
9月16日	18.5	24.1	26.3	20.7	23.9	22.3	22.8	22.6	19.5	17.8	23	26.8	28.3	19	19.1	21.7	20.7	22.7	29.1	25.1	26.5	27.6	31.2	24.4	17.2	23.1
9月17日	19.4	26.2	28.5	24.9	24.8	23.2	25.1	25.9	21.4	24.6	25.3	27.4	28.1	22.1	22.8	25.8	26.3	26.5	26.3	28.3	24.4	25.2	26.3	25.5	18.9	16.8
9月18日	17.5	16.6	27.2	26.5	25.8	23	26.7	28.2	21.8	23.9	26.1	28.4	29.5	24.1	22.9	26.6	26.1	28.2	29.3	28.1	26	27.5	31.8	28.8	18.7	17.2

日期	牡丹江	特克斯	阿克苏	银川	兴城	营口	太谷	万荣	庄浪	天水	昌黎	顺平	灵寿	洛川	旬邑	白水	凤翔	西安	泰安	胶州	威海	烟台	民权	三门峡	昭通	盐源
9月19日	16.3	12.3	20.4	25.5	25.2	23.4	26.5	29.8	16.4	18.2	27.4	29.3	30.7	23.9	21.6	26.6	21	25.3	29.7	28.6	26.2	27.1	31.9	29.7	24	22.3
9月20日	17.7	13.8	15.9	23.9	24	22.3	26.5	25.1	15.8	18.3	24.8	25.8	27.1	18.6	14.8	19.3	17.2	19.4	30.7	29.4	24.7	25.1	29.9	21.1	26.4	24.5
9月21日	17	22.7	22.2	21.1	23.2	22.6	22.6	18.9	15.1	15.9	25	26.1	27.4	13.1	12.3	15	14.9	15	29.1	27.4	23.4	24.5	25.5	15.9	27.1	24.9
9月22日	15.8	22.1	25.1	16.5	23.9	20.6	23.6	18.5	18.2	20.8	23.9	25.6	25.8	13.2	12.3	15	16	17.7	28	25.6	23.9	25.5	25.7	18.3	15.5	23
9月23日	18.7	19.4	24.6	21.5	22.8	23.2	21.7	23.1	19.5	22.1	23.2	20	18.3	21	18.6	21.6	22.2	24	26	24.8	23.4	24.3	27.4	23	18.3	16.3
9月24日	21.3	20	26.3	23.3	22.4	22.5	21.8	25.8	18.5	17.6	21.7	22.6	23.7	22.6	19.9	24	21	24	24.4	25.1	22.9	24	27.9	26	20.9	21.1
9月25日	20.1	17.2	27.4	24.4	23.6	23	24	24.2	13.6	17.1	23.5	24.4	24.6	19.8	17.3	21.6	18.7	20.7	25	24.8	23.4	23.3	27.4	21.3	17	23.3
9月26日	19.7	14.9	24.5	24.3	24.8	24.1	23.4	23.6	16.6	19.8	26	25.3	25.6	20.3	19.6	22.1	21.1	24.9	26.8	25.4	23.7	24.9	26.7	21.4	15.6	21
9月27日	21.5	14	19.5	21.2	25.5	23.1	22.9	24.7	14.7	18.2	25.8	25.2	25.6	19.1	16.8	21.7	19.2	21.3	26.8	25.3	23.6	24.6	27.4	23.6	16.1	24.2
9月28日	23.3	10.3	21.2	19.6	25.6	23.9	21.5	21.1	15.0	19.9	25.9	24.5	25.6	16.2	16.5	19.4	17.3	19.7	26.2	26.2	23.8	25.3	25.8	19.7	24	25
9月29日	16.7	13.3	21.5	19.7	18.8	16.7	18.1	23.2	21.1	24.2	20.2	20	19.6	20.9	21.7	22	25.4	26.1	23.3	25.8	23	23.5	26.6	22	18.9	23.7
9月30日	15.3	17.5	21.7	16.1	21.4	18.9	18.3	24.5	14.1	16.5	20.9	17.9	16.6	18.5	17.7	21.3	17.9	22.4	23.9	23.2	19.3	20.2	25.9	19.4	22.7	25.2
积温	1 386	1 218	2 215	1 883	1 801	1 913	1 899	2 321	1 162	1 741	2 037	2 283	2 549	1 553	1 401	1 967	1 948	2 206	2 412	2 178	1 981	2 003	2 558	2 256	1 818	1 933
10月1日	16.7	13.7	19.4	19.2	15.1	16	19.3	19.3	14.7	15.4	15.6	21.1	23.0	14.6	14.3	17.2	16.7	18.3	25.4	25.5	22.9	23	27.3	19.6	20.9	25.4
10月2日	18.4	18.5	19.5	18.8	21.7	19.5	17.9	16.3	12.1	12.8	20.1	21.6	21.8	11.8	11	14.3	13.3	14.6	21.4	21.4	22.4	22.3	19.9	15.7	26.9	25.4
10月3日	17.6	17.8	19.9	19	21.1	20.3	21	15.3	14.6	15.4	21.8	22.8	24.0	19.3	14.2	14.5	15	15	19	20.8	21.1	22.8	18	13.1	21.8	24.9
10月4日	11	16.9	20.2	10.9	18	18	14.6	16.2	14.0	13.9	17.3	19.3	20.1	14.3	12.4	16.8	13.2	14.2	16.3	16.5	19.4	18.1	17.7	15.2	14.3	24.2
10月5日	10.8	17.3	19.9	15.9	19.2	17.3	17.1	16.5	11.4	15.6	18.8	19.6	20.2	12.8	11.4	11.9	12.7	13.3	17.6	18.2	17.8	18.6	16.2	13.5	12.9	23.9
10月6日	11.9	8.5	21.3	15.5	21.1	18.3	16.5	13.9	12.7	14.4	20.7	20.6	20.4	12.3	11.4	13.3	11.9	12.6	18.8	18.9	19.5	19.8	16	14.3	13.7	23.9
10月7日	14.3	8.0	20.7	19.0	22.9	19.7	21.3	21	15.6	16.2	22.1	21.6	22.5	17.3	16	18.1	15.2	17.1	21.8	21.1	20.3	21.1	22	19.5	14.5	18.3
10月8日	17.1	13.8	18.9	20.2	23.9	20.6	14.3	17	12.2	16.2	21.6	18.3	18.4	10.7	10.6	14.8	13.2	14.8	22.6	23.4	20.7	21.2	23	15.4	13	22.5

日期	牡丹江	阿特克斯	阿克苏	银川	兴城	营口	大谷	万荣	庄浪	天水	昌黎	顺平	灵寿	洛川	旬邑	白水	凤翔	西安	泰安	胶州	威海	烟台	民权	三门峡	昭通	盐源
10月9日	17.8	10.1	20.9	20.8	23.5	21.4	19.4	19.3	16.1	16.5	22.7	22.4	22.9	13.9	13.2	17	14.6	16.3	21.9	23.3	20.8	22.4	24.2	17.6	12.7	23.5
10月10日	20.4	11.4	17.2	19.8	24.9	21	17.3	16.2	14.0	17.7	24.1	22.7	21	14.7	12.5	16.2	15.7	16.4	20.2	21.2	20.8	20.4	20.9	16.5	15.1	23.6
10月11日	18.2	12.2	16.8	15.4	18.2	19.0	20.6	18.1	13.5	15	21.8	21.4	21.9	16.7	15.3	17.4	15.7	17.5	21.8	23.3	23.2	23.7	21.3	15.4	13.3	24.5
10月12日	12.5	11.9	16.7	15.8	17.8	14.2	19.3	16.5	12.0	14.6	18.8	18.7	20	15	13.2	15.5	14.9	15.8	21.1	19.8	17.5	17.1	19.8	14.3	12.4	20.5
10月13日	13.7	13.2	19	14.8	20.7	18.6	18.1	12.8	10.0	11.1	21.1	22.1	24.3	10.4	10.1	11.6	11.1	11.5	18.5	20.5	21.2	21	17.9	11.3	17.9	22.2
10月14日	6	15.8	19	17.6	12.8	11.3	14.2	12	10.9	13	14.9	14.9	17.9	12.9	11.5	12	12.1	12.6	14.2	16.2	16.8	16	14.7	11.2	13.8	21.9
10月15日	11.2	17.5	19.3	17.4	19.8	16.4	18.1	13.7	11.0	10.9	18.7	17.3	19.8	13.7	10.4	12.9	10.3	11.7	17.2	18.2	18.7	18.7	14.8	11.1	14.8	23.3
10月16日	10.4	18.3	19.7	14.3	17.6	16.7	16.7	18.8	13.7	16.5	18.5	21.3	21.3	15.6	14.5	17.8	17.7	18.7	18.2	18	18.1	17.7	19.4	16.9	9.3	17.7
10月17日	16.3	19.4	19.6	13.7	23.9	18.7	18.4	19.1	14.4	15.8	22	21.3	23.3	17.3	15.1	17.5	15.9	17.9	20.6	19.6	19	19.3	20.1	18.7	10.3	13.4
10月18日	14.1	17.7	20.7	16.7	19.4	19.5	17.2	19	12.8	16.9	19.1	21.2	24.5	16.9	15.1	18	16.8	18.3	20.3	20.8	19.5	21.2	20.9	17.7	11.6	17.2
10月19日	16.4	16.9	21.7	17.6	22.3	18.6	19.8	21.4	13.0	15.2	21.5	21	22.1	17.8	16.2	19.2	18.4	20.4	21.6	21.2	21.3	21.4	21.6	19.7	10.3	13.5
10月20日	19.5	20.2	21.6	18.8	22.4	19.9	17.9	17.7	13.7	14.6	21.1	17.7	19.3	16.4	15.3	17	18.1	19.9	19.9	20.8	22.0	22.1	22.1	17.1	11	12.8
10月21日	17.1	19.7	21.1	16.1	18.4	17.7	16.9	18.8	17.1	18.6	17.6	19.3	20.1	18.9	18.8	18.5	21.7	22.1	21.2	20.5	22.0	21.2	22.3	18.6	13.8	8.3
10月22日	9.5	19.4	20.6	13.6	12.3	10.3	16	18.6	17.6	20.1	14.5	17.5	18.8	16	16.3	18.6	29.8	22.1	19.8	18.3	15.0	15.4	21.7	18.3	17.2	14.3
10月23日	6.2	12.8	19.8	16.0	13.8	9.9	16.5	18.5	17.1	19.0	14.7	16.3	16.9	17.5	16.6	17.7	15.9	17.2	17.4	15.2	11.9	13	19.1	17.4	18.3	12.4
10月24日	7.5	7.5	20.4	18.3	17	13.5	18.7	18.9	13.0	16.9	19.8	21	18.8	14.4	14.8	15.5	15.1	16.9	18.6	18.0	16.4	18	20.6	14.9	23.2	17.5
10月25日	13.8	8.6	15.8	14.0	17.9	17.8	20.6	21	16.2	15.9	20	19.1	20.8	19	16.5	19.4	16.5	18.9	20.7	20.4	20	19.4	22.9	19.7	17.6	22
10月26日	13.9	13.2	16.6	14.9	17.2	18.3	22	23.4	11.3	14.7	21.4	20.5	22.6	18.9	13.8	20.5	16.1	17.9	22.1	21.1	19.8	21.6	24.7	20.2	13.7	21.4
10月27日	13.2	15.5	16.5	9.4	14.3	14.2	13.5	16.7	6.1	10.2	17.8	15	14.1	13.6	11.6	16.4	13.2	14.9	18.7	20.3	18.6	18.7	17.7	15.6	18.3	21.9
10月28日	8.4	9	14.7	12.6	15.9	13.6	11.2	9.7	7.3	12.8	18.7	17.5	18.2	9.6	9.4	10.7	12.4	12.6	17.2	18.7	17.6	17.5	16.4	10.7	11.3	21.7
10月29日	7.7	6.1	14.8	14.5	16.9	15.5	12.7	14.4	7.8	11.1	16.2	17.6	17.9	10.9	10	12.4	10.8	12.7	16.9	15.8	16	16.3	21.1	13.7	19.6	21.5

日期	牡丹江	特克斯	阿克苏	银川	兴城	营口	太谷	万荣	庄浪	天水	昌黎	顺平	灵寿	洛川	旬邑	白水	凤翔	西安	泰安	胶州	威海	烟台	民权	三门峡	昭通	盐源
10月30日	8.4	7.6	16	14.7	14.5	16	16.5	12.3	9.9	10.1	18.4	17	17.6	8.7	10.2	12.1	9.5	11.4	18	18.6	16	18.2	20	11.9	22.5	21.6
10月31日	11.2	11.9	15.5	14.1	19.3	15.7	15.7	16.7	13.8	15.8	18.4	18.7	22.1	14.1	12.6	16.1	14.9	17.6	14.9	17.2	18	15.8	21.1	16.1	15	21
积温	1 399	1 220	2 295	1 912	1 858	2 007	1 938	2 414	1 174	1 787	2 137	2 367	2 705	1 578	1 413	2 032	2 014	2 296	2 525	2 352	2 175	2 179	2 713	2 344	1 903	2 170
11月1日	1.8	-2.7	0.8	0.2	0	4.1	0.2	6.3	-0.8	2.8	3.2	6	7.4	1.6	0.6	6.6	6.2	7.3	7.4	11.3	13.4	12.3	9.1	8.5	6.6	11.8
11月2日	-2.1	-2.9	0.7	0	-1.5	2	-0.6	1.8	-1.6	1.5	2.9	5.1	7.7	-1.1	-1.7	2.6	6.2	8.1	3.2	8.3	13.9	9.6	4.9	6.4	5.7	11.8
11月3日	-5.2	-1.9	0.6	-1.6	-4.7	-2.4	-4.9	1.7	-1.7	2.6	-1.7	-0.8	3.2	-2.1	0.5	2.1	5.7	6.6	-0.2	5.1	9.6	6.2	2	6.4	5.5	10
11月4日	-5.3	-1.8	0	-0.5	-6.9	-0.8	-2	3.7	4.3	8.6	-2.3	-1.5	4.1	2.0	0.9	4.5	7.1	7.6	-0.3	5.4	6.9	3.5	6.8	9.2	5.7	6.9
11月5日	-3.7	-3.3	0.6	0.9	0.2	10.9	5.8	10.1	4.4	7.7	2.3	3.1	6.2	7.7	6.9	9.1	9.1	9.7	5.2	10.4	5.9	10.7	11.2	10.2	6.7	5.5
11月6日	0.8	-3.5	0.5	2.5	3.9	10.1	5.6	9	-1.7	2.5	10.5	3	6.6	5.4	0.9	8.5	6.6	4.7	8.3	13	12.7	12.9	10.5	10.9	7.1	3.9
11月7日	-0.8	-2.2	0.6	2.1	1.1	6.3	2.5	2.3	-3.9	-0.5	4.9	10.2	6	-1.9	-1.6	3.1	5.1	3.9	3.3	11.8	13.4	11.7	7.2	5.9	7.1	4.6
11月8日	-4.2	-2.8	0.4	-0.5	-5.1	-0.9	-3.1	1.7	-2.4	0.8	5.1	0.9	4.9	-1.1	-1.8	4.4	4.6	5.7	5	7.4	12.2	7.5	4.2	6.4	7	3.9
11月9日	-7.9	1.6	1.7	-0.5	-2.5	-1.7	-3.4	4.7	-2.4	-0.4	-0.6	0.5	3.9	1.6	1.8	5.1	6.5	7.4	-0.7	4.5	7.5	5.1	2.2	7.6	7.7	4.4
11月10日	-11	-3.6	1.2	2.9	5.8	10.7	3	9	2	4.9	1.1	-0.1	4.5	0	0.1	3.6	5	5.2	0.5	5.6	6.6	7.3	2.6	10	4	1.7
11月11日	-2.9	-3.8	1.5	3.4	1.7	1.0	0.3	7.9	3	6.6	3.1	1.5	4.7	3.6	1.0	4.0	5.4	4.1	2	10.4	8.5	9	7.9	10.3	4.8	3.2
11月12日	5	-1.3	0.3	5.5	2.6	7.7	8.6	11.6	4	6.1	5.2	2.6	6.2	5.7	7.3	9.3	7.7	10	4.8	10.6	10.4	11.4	9.2	9.8	6.9	7.0
11月13日	-2.1	-1.7	-1.2	3.9	-1.5	8.2	0.1	8.8	8.5	10.1	2.2	2.6	4.7	6.9	5.0	10.0	8.4	5.3	6.2	9	13.8	9.1	8	11	6.1	6.3
11月14日	-6.1	0	0.4	2.2	-3.3	0.7	3	8.8	10.4	8.7	-0.1	6	7.7	5.7	2.4	4.2	5.2	4.9	6.1	9.1	9.6	5.9	6.2	8.9	6.5	6.5
11月15日	-4.7	-1.4	-0.2	2.9	5.8	-1.6	0.1	9	10	10.8	6.5	2.8	5.6	1.4	0.8	4.3	5.1	4.0	8.6	10.3	11.2	9.6	7.0	9.0	4.7	4.7
11月16日	-3.4	-1.5	0.7	3.4	1.7	1.0	0.3	7.9	6.1	6.8	5.8	4.8	7.9	0.8	0.4	4.6	5.5	4.9	10.4	10.2	12	10.8	9.3	10.7	5.9	5.4
11月17日	-6.4	-4.8	-3.1	5.5	2.6	7.7	8.6	11.6	3	6.9	5.8	10.1	10.2	7.4	5.7	10.2	8.4	8.3	9.8	13	11.3	10.8	12.3	10.3	13.8	4.7
11月18日	-2.8	-7.1	-2.0	3.8	3.6	4.1	7.4	10.4	3.9	6.8	8.7	10	9.8	5.6	5.1	9.7	9	11.7	11.8	11.8	16.3	17.7	11.2	10	16.4	10.5
11月19日	-8.1	-5.9	-1.6	1.3	-1.7	-2.8	2.0	6.1	-4.8	-0.5	1.6	6.2	9.8	-0.6	-2.4	1	2.2	2.3	10.3	7.4	4.1	6.2	7.8	6.7	5.5	0.5

日期	牡丹江	特克斯	阿克苏	银川	兴城	营口	太谷	万荣	庄浪	天水	昌黎	顺平	灵寿	洛川	旬邑	白水	凤翔	西安	泰安	胶州	威海	烟台	民权	三门峡	昭通	盐源
11月20日	−8.8	−6.8	−4.0	−1.7	−3.9	−3.7	−3.9	4	−1	1.9	−2.8	−1.9	2	−1.4	−2.0	1.1	1.6	1.3	1.5	4.9	3.3	2.9	4.6	5.5	3.4	1
11月21日	−17.3	−11.1	−0.3	−2.1	−4.8	−5.6	0.8	1.6	−2	2.1	−0.8	0.8	1	−0.1	−1.9	1.5	1.1	2.7	1.8	1.7	6.1	5.5	4.6	0.6	4.1	0.7
11月22日	−13.5	−11.1	−2.9	−7.4	−5.9	−5.8	−3.5	−0.2	−7.1	−2.5	−4.7	−0.8	2.2	−5.8	−6.9	−2.1	−1.2	0	4.1	3.6	2.8	2.3	4.0	0.8	5.8	1.8
11月23日	−19.5	−7.8	−4.3	−9.5	−7.3	−8	−4.8	−2.3	−5.4	−4.2	−3.3	−6.3	−2.8	−6.5	−5.4	−3.8	−1.7	−1.0	−1.5	−0.8	2.8	2.1	0.8	−1.3	1	6.4
11月24日	−14.4	−10.7	−7.6	−7.4	−5.1	−4.2	−5.1	−1.5	−1.9	−0.6	−4.7	−4.7	−1.8	−4.5	−2.5	−2.8	−1.9	−1.2	0.1	2.4	4.5	3.5	−0.4	−1	1.8	0.4
11月25日	−11.7	−13.9	−7.5	−3.7	−5.4	−2.6	−4.7	0.3	−2.7	−0.4	−3	−2.8	−1	−1.7	−4.7	0.2	−0.2	0.8	−2.3	2.9	4.1	2.3	−1.1	1.5	3.5	1.5
11月26日	−10.5	−11.4	−5.4	−5.9	−2.6	−4	−0.4	−1.3	−5.6	−2.6	−0.9	3.4	3.4	−3.0	−4.7	−0.3	−2	−2	5.3	4.5	4.9	5.4	4.8	2.2	1.3	−0.7
11月27日	−16.6	−11.8	−7.5	−7.9	−7.8	−6.9	−5.3	−1.3	−4.1	−0.2	−2.7	−2.3	−0.2	−5.2	−3.8	−1.3	−0.8	−0.4	4.4	3.6	1.9	2.6	1.8	−0.3	2	−0.4
11月28日	−17.1	−6.9	−6.1	−6.8	−7.5	−7.6	−4.6	0.8	−4.2	0.1	−6.3	−4.5	−2.1	−3.8	−4.0	−1.2	−0.1	0.5	−0.6	−1	0.8	0.4	1.3	−0.4	2.1	2.1
11月29日	−20.4	−3.8	−6.4	−7.2	−10.7	−9.3	−6	−2.9	−4.3	0.4	−7.8	−6.9	−2.8	−3.8	−5.1	−3.9	−1.3	−0.3	−4	−2.4	0	0.4	−2.6	−1.4	3.0	1.9
11月30日	−19.9	−7.5	−6.7	−7.3	−10.4	−9.3	−7.9	−3.3	−3.5	−0.7	−6.7	−5.7	−3.1	−4.8	−3.8	−2.5	−1.1	−0.3	−3.4	−1.4	1.7	0.8	−1.8	−1	3.0	−1.5
积温	1 399	1 220	2 295	1 912	1 866	2 023	1 938	2 452	1 181	1 804	2 148	2 379	2 729	1 584	1 416	2 052	2 033	2 330	2 564	2 418	2 245	2 239	2 776	2 394	1 958	2 257
12月1日	−14.3	−12.2	−5.3	−4.3	−10.2	−8.7	−3.5	0.9	−0.3	−1	−8.1	−5.6	−0.5	−2	−3	−0.4	0.2	0.4	0.7	−0.9	2.7	1.5	1.4	0	1.9	0.2
12月2日	−19.4	−11.8	−5.7	−4.3	−7.6	−6.8	−1.2	0.6	−3.9	0.1	−5.5	−3.6	−1.4	−2.1	−2.4	0	0.2	1.4	0.2	0.6	2.6	1.4	1.3	−0.3	2.2	−0.9
12月3日	−17.9	−7.2	−4.2	−8.7	−9.3	−9.5	−9.5	−4.3	−7	−2.7	−7	−8.6	−2.9	−10.3	−4.9	−4.8	−2.3	−1.5	−2.4	−1.6	2.1	0.5	−1	−3.1	0.9	4.6
12月4日	−14.2	−7.9	−3.4	−10.7	−11.1	−9.1	−11.8	−6.1	−4.9	−2.6	−5.7	−7.9	−4	−10	−6.1	−6	−3	−2.1	−6	−2.9	1.2	−2	−3.1	−4.4	0.8	−1.3
12月5日	−15.2	−3.1	−4.8	−5.9	−11.5	−6.3	−11.3	−6.4	−1.7	−1.4	−6.4	−8.4	−4.4	−7	−5.7	−7	−3.8	−4.4	−5.5	−1.1	0.4	−2.2	−1	−3.4	−0.2	−0.3
12月6日	−17.4	−3.4	−5.6	−8.8	−9.2	−5.1	−7.2	−4.8	−6	−0.5	−2.3	−6.3	−3.1	−5.7	−8	−4.9	−0.7	−0.1	−1.6	1.3	1.1	0.4	−1.4	−1.7	1.2	−0.8
12月7日	−14.2	−10.9	−5.4	−8	−10.2	−8.6	−8.4	−1.9	−8.3	−0.4	−7	−8.7	−2.8	−6.6	−6.6	−2.5	−0.6	−0.6	1.2	1.7	0.8	1.8	4.0	−2.2	0.5	−1.6
12月8日	−16.7	−7	−3.8	−9.4	−13.5	−9	−11.2	−6.2	−1.1	0.5	−10.9	−10.9	−5.3	−9.6	−5.9	−6.8	−1.6	−1.2	−5	−4.2	−0.2	−1.6	−2.1	−0.5	0.7	−2.4
12月9日	−20.3	−11.3	−3.5	−7.3	−10.4	0	−8	0.3	−1.4	0.9	−2.2	−7.9	−3.4	−2	−2.6	−0.7	−0.4	0.9	2.2	0.9	−0.3	−1.3	4.4	0.7	−0.5	−1.9
12月10日	−13.4	−9.1	−7.4	−9.8	−11.1	−6	−5.1	−4.4	−6.6	−5	−6.2	−6.7	−4.6	−8.8	−7	−3.3	−2.6	−3.0	0.4	2.9	3.7	1.4	−0.3	−0.3	0.7	−0.3

（续）

日期	牡丹江	特克斯	阿克苏	银川	兴城	营口	太谷	万荣	庄浪	天水	昌黎	顺平	灵寿	洛川	旬邑	白水	凤翔	西安	泰安	胶州	威海	烟台	民权	三门峡	昭通	盐源
12月11日	-14.3	-7.3	-7.7	-8.4	-7.1	-6.7	-8.2	-4.1	-3.9	-2.4	-4.3	-6.7	-3.1	-7.4	-4.8	-3.6	-1.0	-1.8	-2.0	0.9	3.4	2	-3.2	-1	1.4	-3
12月12日	-19.9	-7.2	-8	-6.7	-10.6	-9.6	-6.5	-5	-6.5	-3.2	-3.5	-7.4	-5.0	-8	-6.5	-3.7	-1.0	-2.6	-2.5	0.8	2.1	0.5	-2.9	-0.9	0.9	-0.8
12月13日	-21	-12.8	-8.4	-12.5	-11.8	-11.1	-9	-5.3	-4.7	-3.3	-7.7	-3.3	-3.3	-9.6	-7.2	-6	-3.3	-6	-0.8	-1.6	-4.1	-3.6	1.1	-3	1.3	4.3
12月14日	-19.8	-15	-3.2	-14.7	-17.1	-13.6	-13.9	-9	-10.1	-8.4	-10.9	-9.3	-8.8	-14.6	-11.8	-9.5	-5.8	-6.0	-8.8	-6.2	-4.2	-5	-6.1	-7.7	1	1.7
12月15日	-21.8	-15.5	-6.9	-14.1	-19.3	-15.3	-15.7	-9.6	-10.2	-6.4	-13	-12.3	-8.7	-13.8	-11.6	-10.6	-7.8	-7.2	-11.1	-7.3	-3.7	-4.6	-7.3	-6.4	-1.2	2.1
12月16日	-22.5	-15.7	-4.5	-14.4	-17.4	-14.6	-14.7	-9.1	-10.2	-2.1	-11.4	-12.2	-7.6	-12.4	-10	-7.6	-4.1	-5.1	-9.3	-6.0	-2.7	-4.8	-7.1	-4.9	-1.4	1.1
12月17日	-24.2	-17.5	-5.7	-11.8	-15.2	-9.7	-14	-5.3	-6.3	-2.4	-7.2	-10.8	-6.5	-7.6	-4.9	-3.8	-1.8	-2.5	-9.1	-4.3	-2.4	-4.4	-6.1	-2.6	-1.9	1.7
12月18日	-17.5	-15.5	-4	-11.3	-16	-11.4	-12.5	-2.9	-10.1	-4.4	-9.8	-10.4	-5.6	-9.1	-8.3	-4.8	-3.6	-2.3	-6.5	-3.4	-2.9	-2.8	-4.3	-1.9	-3	0.9
12月19日	-20.4	-16.2	-9.9	-12.1	-17.2	-12.8	-13.9	-6	-10.5	-6.1	-10.8	-9.9	-6.6	-11.3	-9.1	-6.8	-3.6	-3.9	-7.1	-5.6	-2.3	-4.7	-6.4	-4.7	-3.5	-0.1
12月20日	-22.8	-14.3	-9.7	-13.4	-14.1	-12.5	-13.5	-9	-12.1	-8.8	-10.5	-10	-4.8	-13.2	-9.9	-8.2	-5.8	-6.0	-7.5	-3.2	-1	-3	-1.8	-4.8	-3.4	-0.6
12月21日	-16.2	-16.2	-10.5	-13.1	-13.1	-6.7	-13.1	-8.8	-10.9	-7.4	-5.9	-9.3	-4	-12.9	-8.4	-9.4	-6.4	-6.6	-7.9	-3.2	1.3	-2.1	0.5	-3.9	-2.2	-3.0
12月22日	-16.6	-14.3	-11.2	-10.5	-13.1	-0.8	-4.4	-8.5	-12.7	-8.1	-8.4	-4.6	-2.1	-11.9	-6.1	-8.1	-6	-5.6	-7	-0.3	1.0	-0.5	-4.2	-3.5	-0.6	-2.1
12月23日	-13.7	-15.7	-10.5	-7.5	-13.9	-1.8	-7.7	-2.6	-12.3	-7.8	-1.7	-7	-2.2	-12.2	-8.2	-4.3	-4.6	-2.4	-2.8	0.4	1.1	1.9	-4.3	-0.2	-1.2	-3
12月24日	-15.7	-15.7	-11.4	-12.1	-11	-8.9	-12.1	-6.4	-10.4	-8.1	-3.9	-8.4	-6	-12.1	-10.2	-6.2	-4.3	-4.3	-5.4	-2.1	1.3	0.2	-1.4	-3.3	0.9	-1.3
12月25日	-19.7	-13.4	-12.7	-12.7	-12.7	-8.4	-9.6	-8.1	-6.8	-7.4	-9.5	-6	-2.6	-7.5	-8.4	-8.4	-5.2	-4.6	-7.1	-3.1	1.5	-2.6	-1.2	-3.1	-0.1	-0.3
12月26日	-15.4	-11.9	-11.9	-10.3	-12.5	-9.6	-10.3	-4.6	-9.9	-4.3	-5.3	-9.4	-5.7	-9.9	-5.3	-4.1	-2	-4.7	-5.6	2.4	3.4	0.2	0.9	-1	-0.1	0.8
12月27日	-17.5	-9.4	-11.7	-8.9	-10.9	-9.9	-9.7	-6	-6.6	-6.3	-7.7	-2.1	-3.1	-3.9	-7.3	-5.2	-3.3	-3.3	-4.7	0.3	1.9	3.1	-1.4	-0.7	0.2	-3.2
12月28日	-19.7	-11.3	-11.6	-10.6	-12.6	-13.2	-8.8	-1.6	-11.9	-1.7	-6.7	-8.6	-8.6	-11.9	-3.8	-1.8	-1	-2.9	-2.7	1.5	-3.3	-0.9	-1.2	1	-1.8	-3.4
12月29日	-23.3	-15.8	-12.3	-17.4	-15.5	-16.8	-13.3	-8.1	-15	-5.9	-13.7	-15.2	-11.4	-17.6	-11.9	-8.6	-4.9	-7.7	-8.8	-9.9	-8.7	-8.5	-11.6	-6.6	-2.4	0.6
12月30日	-24.1	-17	-19	-19	-17.4	-18.8	-16.5	-12.7	-15.2	-10.1	-15.2	-15.2	-8.9	-21.1	-15.7	-13.6	-9.2	-10.7	-13.3	-13	-8.5	-10	-11.5	-10.8	-2.7	-1.9
12月31日	-20.3	-13.2	-9.8	-20.3	-14.6	-15.5	-13	-11.9	-15.2	-11	-9.3	-10.8	-8.9	-15.2	-16.6	-15.1	-11.5	-11.6	-11.3	-12.9	-6.1	-9.2	-11.5	-11.2	-3.5	-2.9
积温	1 399	1 220	2 295	1 912	1 866	2 023	1 938	2 452	1 181	1 804	2 148	2 379	2 729	1 584	1 416	2 052	2 033	2 330	2 564	2 418	2 245	2 239	2 776	2 394	1 958	2 267

附表 2　2020 年全国苹果综合试验站所在县逐县日降水情况

单位：毫米

日期	牡丹江	阿克苏	特克斯	银川	兴城	营口	太谷	万荣	庄浪	天水	昌黎	顺平	灵寿	洛川	旬邑	白水	凤翔	西安	泰安	胶州	威海	烟台	民权	三门峡	昭通	盐源
1月1日	0	0	0	0	0	0	0	0	0	0	0	0	0	0	0	0	0	0	0	0	0	0	0	0	0	0
1月2日	0	0	0	0	0	0	0	0	0	0	0	0	0	0	0	0	0	0	0	0	0	0	0	0	0	0
1月3日	0	0	0	0	0	0	0	0	0	0	0	0	0	0	0	0	0	0	0	0	0	0	0	0	0	0
1月4日	0	0	0	0	0	0	0	0	0	0	0	0	0	0	0	0	0	0	0	0	0	0	0	0	0.9	8.2
1月5日	0	0	0	0	0	0	2.8	7.7	1.4	0	0	0	5	9.8	0	7.8	0	2.3	2.9	0.5	0	0	11	10.2	0	0
1月6日	0	0	0	0	1.7	0.6	0	0.2	0	0	1.1	0.4	1.6	1.3	0	1	0	0	0.2	1.7	7.8	5.1	2.5	3	0.1	0.5
1月7日	1.2	0	0	0	0	0	5	8.5	0	0	0	0	0	19.5	0.5	1.2	0	0	12.5	14.5	25.5	14.7	10.2	13.7	0	0
1月8日	0.8	0	0	0	0	0	0	0	0	0	0	0	0	0	0	0	0	0	0	1.8	0	0	1.6	0	0	0
1月9日	0	0	0	0	0	0	0	0.3	0	0	0	0	0	1.3	0.4	0.8	0	0.7	0	0	0	0.3	0	0	0	0
1月10日	0	0	0	0	0	0	0	0	1.8	0.3	0	0	0	0	0.2	0	0.8	0.5	0	0	0	0	0	0	0	0
1月11日	0	0	0	0.1	0	0	0.2	0	0	0	0	0	0	0	0.1	0	0	0	0	0	0	0	0	0.1	0	0
1月12日	0	0	0	0	0	0	0	0	0	0	0	0	0	0	0	0	0	0	0	0	0	0	0	0	0	0
1月13日	0	0	0	0	0	0	0	0	0	0	0	0	0	0	0	0	0	0	0	0	1.3	0.5	0	0	0	0
1月14日	0	2.4	0	0.2	0	0	0.4	0	0	0	0	0	0	0	0	0	0	0	0	0	0.4	0.2	0	0	0	0
1月15日	0	0	0	0	0	0	0	0.3	1.4	0.1	0	0	0	0.4	1.3	2	0.4	1.1	0	0	0	0	0	1.6	0	0
1月16日	0	0.2	0	0	0	0	0	0	0	0	0	0	0	0.4	0.4	0	0	0	0	0	0	0	0.3	0.1	0	0
1月17日	0	0	0	0	0	0	0	0	0	0	0	0	0	0	0	0	0	0	0	0	0	0	0	0	0	0
1月18日	0	0	0	0	0	0	0	0	0	0	0	0	0	0	0	0	0	0	0	0	0	0	0	0	0	0
1月19日	0.5	0	0	0	0	0	0	0	0	0	0	0	0	0	0	0	0	0	0	0	0	0	0	0	0	0

日期	牡丹江	特克斯	阿克苏	银川	兴城	营口	太谷	万荣	庄浪	天水	昌黎	顺平	灵寿	洛川	旬邑	白水	凤翔	西安	泰安	胶州	威海	烟台	民权	三门峡	昭通	盐源
1月20日	0	0	0	0	0	0	0	0	0	0	0	0	0	0	0	0	0	0	0	0	0	0	0	0	0	0
1月21日	0	0	0	0	0	0	0	0	0	0	0	0	0	0	0	0	0	0	0	0	0	0	0	0	0	0
1月22日	0	0	0	0	0	0	0	0	0	0	0	0	0	0	0	0	0	0	0	0	0	0	0	0	0	0
1月23日	0.4	0	0	0	0	0	0	0	0	0	0	0	0	0	0	0	0.1	0	0	0	0	0	0	0	0	0
1月24日	0	0	0	0	0	0	0	0	0.1	1.3	0	0	0	0	0.3	0	0.1	0	0	0	0	0	0	0	0	0
1月25日	0	0	0	0	0	0	0	0	0	0	0	0	0	0	0	0	0.1	0	0	0	0	0	3.9	0	2.4	0.3
1月26日	0	0	0	0	0	0	0	0.5	0	0	0	0	0	0.6	0	0.6	0.2	0	0	0	0	0	0	0	0	0
1月27日	0	0	0	0	0	0	0	0	0	0	0	0	0	0	0	0	0	0	0	0	1	0	0	0	0	0
1月28日	0	0	0	0	0	0	0	0	0	0	0.5	0	0	0	0	0	0	0	0	0.7	5.8	0.4	0	0	0	0
1月29日	0	0	0	0	0	0	0	0	0	0	0	0	0	0	0	0	0	0	0	0	1.2	0.3	0	0	0	0
1月30日	0	0	0	0	0	0	0	0	0	0	0	0	0	0	0	0	0	0	0	0	0	0	0	0	2.4	0
1月31日	0	0	0	0	0	0	0	0	0	0	0	0	0	0	0	0	0	0	0	0	0	0	0	0	0.4	0
月降水量	**2.9**	**2.6**	**0.5**	**0.3**	**1.7**	**0.6**	**8.4**	**17.5**	**4.7**	**1.7**	**1.6**	**0.4**	**6.6**	**33.3**	**2.8**	**13.4**	**1.7**	**4.6**	**15.6**	**19.2**	**43**	**21.5**	**29.5**	**28.7**	**6.2**	**9**
2月1日	0	0	0	0	0	0	0	0	0	0	0	0	0	0	0.3	0	0	0	0	0	0	0	0	0	0	0
2月2日	0	0	0	0	0	0	0	0	3.2	0.1	0	0	0	0.1	0	0	0	0	0	0	0	0	0	0	0	0
2月3日	0	0	0	0	0	0	0	1.1	0	0	4.5	0	0	0	0	0	0	0	0	0	1.6	0.9	0	0.1	0	0
2月4日	0	0	0	0	0	0	0	0	0	0	0	0	0	0	0	0.1	0	0	0	0	1.3	0.4	0	0	0	0
2月5日	0	0	0	0	0	0	0	0	0	0	0	0	0	0	0	0	0	0	0	0	1.1	0.8	0	0	0.8	0
2月6日	0	0	0	0	0	0	0	1.2	0	0	0	0	0	0	0	0	0	0	0.3	0	0	0	2.6	0	0	0
2月7日	0	0	0	0	0	0.3	0	0	0	0	0	0	0	0	0	0.4	0	0.3	0	0	0	0	0	0.3	0	0
2月8日	0	0	0	0	0	0	0	0	0	0	0	0	0	0	0	0	0	0	0	0	0	0	0	0	0	0

（续）

日期	牡丹江	特克斯	阿克苏	银川	兴城	营口	大谷	万荣	庄浪	天水	昌黎	顺平	灵寿	洛川	旬邑	白水	凤翔	西安	泰安	胶州	威海	烟台	民权	三门峡	昭通	盐源
2月9日	0	0	0	0	0	0	0	0	0	0	0	0	0	0	0	0	0	0	0	0	0	0	0	0	0.5	0.9
2月10日	0.1	0	0	0	0	0	0	0	0	0	0	0	0	0	0	0	0	0	0	0	0	0	0	0	6.4	1.1
2月11日	0	0	0	0	0	0	0	0	0	0	0	0	0	0	0	0	0	0	0	0	0	0	0	0	0	0
2月12日	0	0	0	0	0	0	0	0	0	0	0	0	0	0	0	0	0	0	0	0	0.2	0	0	0	0	0
2月13日	0	0	0	0	0	0	0	0	0	0	0	0	0	0	0	0	0	0	0	0	0.3	0	0	0	0	0
2月14日	0	1.8	0.2	0	0	0	0	0	0	0	1.2	3.9	2.5	0	0	0	0	0	1.1	1.1	0.2	0	0	0	0	0
2月15日	0	0	0	0	0	2.1	0	0	0	0	0.9	0	1.9	0	0	0	0	0	1.4	11.7	9.6	15.2	3.5	0	0.1	0
2月16日	0.1	0	0	0	0	0.1	0	0	0	0	0	0	0	0	0	0	0	0	0	0	0.8	0	0	0	0.7	0
2月17日	0.3	0	0	0	0	0	0	0	0	0	0	0	0	0	0	0	0	0	0	0	0.1	0	0	0	0	0
2月18日	0	0	0	0	0	0	0	0	0	0	0	0	0	0	0	0	0	0	0	0	0	0	0	0	0.5	0
2月19日	0	5.6	0	0	0	0	0	0	0	0	0	0	0	0	0	0	0	0	0	0	0	0	0	0	0	0
2月20日	0	0	0	0	0	0	0	0	0.3	1	0	0	0	0	2.9	0	0	0	0	0	0	0	0	0	0	0
2月21日	1.1	0	0	0	1.5	9.7	0	0	0	0	0.1	0	0	0	0.1	0	0	0	1.6	0.3	4.8	2.6	0.2	0	0	0
2月22日	2.7	0	0	0	0	0	0	0	0	0	0	0	0	0	0	0	0	0	0	0	0	0	0	0	0	0
2月23日	0	0	0	0	0	0	3.3	6.9	4.6	1.6	0	0	0	0	0	0	0	0	0	0	0	0	0	0	0	0
2月24日	0	0	0	0	0	0	0	0	0	0	0	0	0	0	0	0	0	0	3.7	1.7	9.5	10.1	0	0	0	0
2月25日	0	0	1	0	0	0	0	0	0	0	0	0	0	0	0	0	0	0	0	6.1	15.4	0	0	0	0	0
2月26日	0	0	0	0	0	0	0	0	0	0	0	0	0	0	0	0	0	0	0	0	0	0	0	0	0	0
2月27日	6.4	0	0	0	0	0	0	0	0	0	0	0	0	8.2	7.7	7.4	5.7	8.6	0	0	0	0	2.9	10.3	0.2	0.6
2月28日	1.1	0	1	0	0	0	0	0	0	0	0	0	0	0.1	0	1.3	0.1	0	7	8.4	3.1	3.6	10.2	0.2	0.4	1.2
2月29日	0.3	0	0	0	0	0	0	0	0	0	0.9	0.1	0	0	0	0	0	0	0	0	0	0	0	0	0	0

日期	牡丹江	特克斯	阿克苏	银川	兴城	营口	太谷	万荣	庄浪	天水	昌黎	顺平	灵寿	洛川	旬邑	白水	凤翔	西安	泰安	胶州	威海	烟台	民权	三门峡	昭通	盐源
月降水量	12.1	9.4	0.2	0	1.5	12.2	3.3	9.2	8.1	2.7	7.6	4	4.4	8.4	11	9.2	5.8	8.9	15.1	29.3	48	34.6	19.4	10.9	9.6	3.8
3月1日	0	0	0	0	0	0	0	0	0	0	1.6	0	0	0	0	0	0	0	0	0	0	0	0	0	0	3.8
3月2日	0.6	0	0	0	0	0	0	1.7	2.9	3	0	0	0	2	2.6	0.9	2.5	5	0	0	0	0	0	1.1	0	0
3月3日	0	0	0	0	6.7	3.9	0	0	0	0	0	0	0	0	0	0	0	0	0	0	0	0	0	0	0	0
3月4日	3.6	0	0	0	0	0	0	0	0	0	5.1	0	0	0	0	0	0	0	0	0	0	0	0	0	0	0
3月5日	0	0	0	0	0	0	0	0	0	0	0	0	0	0	0	0	0	0	0	0	0	0	0	0	0	0
3月6日	0	0.2	0	0	0	0	0	0	0	0	0	0	0	0	0	0	0	0	0	0	0	0	0	0	0	0
3月7日	0.2	0.9	0	0	0.2	2.5	0	0	0	0	1.1	0	0	0	0	0	0	0	0.3	2.4	2	2.5	0	0	0	0
3月8日	0	0	0	0	0	0	0	0	0.4	0.7	0	0	0	0	0	0	0.1	0	0	0	0	0	0	0	0	0
3月9日	0	0	0	0	3	5.9	0.1	0	0	0	9	1.5	0.5	0	0	0	0	0	0.5	0	0	0	3	0.2	0	0
3月10日	0.7	0	0	0	0	0	0	0	0	0	0	0	0	0	0	0	0	0	0	0	0	0	0	0	1.8	0
3月11日	0.8	0	0	0	0	0	0	0	0	0	0	0	0	0	0	0	0	0	0	0	0	0	0	0	0	0
3月12日	0	0	0	0	0	0	0	0	0	0	0	0	0	0	0	0	0	0	0	0	0	0	0	0	0	0
3月13日	0	0	0	0	0	0	0	0	0	0	0	0	0	0	0	0	0	0	0	0	0	0	0	0	0	0
3月14日	4.1	0	0	0	0	0	0	0	0	0	0	0	0	0	0	0	0	0	0	0	0	0	0	0	0	0
3月15日	0	0	0	0	0	0	0	0	0	0	0	0	0	0	0	0	0	0	0	0	0	0	0	0	0	0
3月16日	0	0	0	0	0	0	0	0	1.5	2.1	0	0	0	0	0	0	0	0	0	0	0	0	0	0	0	0
3月17日	0	0	0	0	0	0	0	0	0	0	0	0	0	0	0	0	0	0	0	0	0	0	0	0	0.2	0
3月18日	0	0	0	0	0	0	0	0	0	0	0	0	0	0	0	0	0	0	0	0	0	0	0	0	0	0
3月19日	0.8	0	0	0	0	0	0	0	0	0	0	0	0	0	0	0	0	0	0	0	0	0	0	0	0.2	0
3月20日	0	10	0	0	0	0	0	0	0	0	0	0	0	0	0	0	0	0	0	0	0	0	0	0	0	0

（续）

日期	牡丹江	特克斯	阿克苏	银川	兴城	营口	太谷	万荣	庄浪	天水	昌黎	顺平	灵寿	洛川	旬邑	白水	凤翔	西安	泰安	胶州	威海	烟台	民权	三门峡	昭通	盐源
3月21日	0	0	0	0	0	0	0	0	2.8	1.2	0	0	0	0	0	0	0	0	0	0	0	0	0	0	0	0
3月22日	0	3.4	0	0	0	0	0	0	0	0	0	0	0	0	0	0	0	0	0	0	0	0	0	0	0	0
3月23日	0	0	0	0	0	0	0	0	0	0	0	0	0	0	0	0	0	0	0	0	0	0	0	0	0	0
3月24日	0	0	0	0	0	0	7	0	0	0	0	0	2.2	0	0	0	0	0	0	0	0	0	0	0	0	0
3月25日	1.2	0	0	0	0	0	0	0	0	0	1.3	0.3	0	0	0	0	0	0	0	0	0	0	25.1	0	0	0
3月26日	0	0	0	0	1.4	0.9	5.6	0	0.6	0	0	6.8	15	0	0.1	0	0	0	0	0	2.4	1.1	0.2	0.1	0	0
3月27日	0	0	0	0	0	0	0	0	0	0	0	8.3	0	0	0	0	0	0.2	0	0	0	0	0	2.5	0	0
3月28日	0	0	0	0	0	0	0	0	0	0.1	0	0	0	0	0	0	0	0	0	0	0	0	0	0	0	0
3月29日	0	8.4	0	0	0	0	0	0	0	1.5	0	0	0	0	0	0.1	2.5	2.3	0	0	0	0	0	1.3	0	0
3月30日	0	0	0	0	0	0	0	0	0	0	0	0	0	0	0	0	0	0	0	0	0	0	0	0	0	0
3月31日	0	0	0	0	0	0	0	0	0	0	0	0	0	0	0	0	0	0	0	0	0	0	0	0	0	0
月降水量	**12**	**22.9**	**0**	**0**	**11.3**	**13.2**	**12.7**	**1.7**	**8.2**	**8.6**	**18.1**	**16.9**	**17.7**	**2**	**2.7**	**1**	**5.1**	**7.5**	**0.8**	**2.4**	**4.4**	**3.6**	**28.3**	**5.2**	**2.2**	**0**
4月1日	0	0	0	0	0	0	9	3.2	1.1	0	0	0	11.8	0.7	0.1	2.4	0	0	0	0	0	0	0	0.2	0	0
4月2日	0	0	0	0	0	0	0.5	0.2	0.9	0.5	0	0	0	0	0.3	0	5.4	3.2	0.4	0	0	0	0.1	1.8	0	0
4月3日	0	0	0	0	0	0	0	0	0.6	7.9	0	0	0	0	0	0	0.6	0	0	0	0	0	0.1	0	0	0
4月4日	4.6	0	0	0	0	0	0	0	0	0	0	0	0	0	0	0	0	0	0	0	0	0	0	0	0	0
4月5日	0	0	0	0	0	0	0	0	0	0	0	0	0	0	0	0	0	0	0	0	0	0	0	0	1.6	0
4月6日	0	0	0	0	0	0	0	0	0	0	0	0	0	0	0	0	0	0	0	0	0	0	0	0	2.3	0
4月7日	0	0	0	0	0	0	0	0	2.5	0	0	0	0	0	0	0	0	0	0	0	0	0	0	0	4.9	0
4月8日	2.2	0	0	0	0	0	0	0	0	0	0	0	0	0	0	0	0	0	0.3	0	0	0	0	0	1	0.1
4月9日	0	0	0	0	0	0	0	0	0	0	0	0	1.9	0	0	0	0	0	11.7	5.4	0	0.2	0	0	0.1	0

日期	牡丹江	特克斯	阿克苏	银川	兴城	营口	太谷	万荣	庄浪	天水	昌黎	顺平	灵寿	洛川	旬邑	白水	凤翔	西安	泰安	胶州	威海	烟台	民权	三门峡	昭通	盐源
4月10日	0	0	0	0	0	0	4.5	0.8	0	0.9	0	0	0	2.6	2.2	0.5	0	0.1	14.4	0	0	0	3.6	0.9	0	0
4月11日	0	0	0	0	0	0	0	0	0	0	0	0	0	0	0	0	0.1	0.4	0.2	0	0	0	0.5	0	0	0
4月12日	0	0	0	0	0	0	0	0	0	0	0	0	0	0.3	0	0	0	0	0	0	0	0	0	0	0.4	0
4月13日	0	0	0	0	0	0	0	0	0	0	0	0	0	0	0	0	0	0	0	0	0	0	0	0	1.1	0
4月14日	0	0.2	0	0	0	0	0	0	0	0	0	0	0	0	0	0.2	0	0	0	0	0	0	0	0	0	0
4月15日	0	0.6	0	0	0	0	0	0	0	0	0	0	0	0	0	0	0	0	0	0	0	0	0	0	0	0
4月16日	0	0.9	0	0	6.5	0	0	0	0	0	37.4	0.9	0	0	0	0	0	0	1.3	7.4	7.8	4.8	0	0	0	0
4月17日	0	0	0.7	0	4.7	0.5	0	0	0	0	1.5	0	0	0	0	0	0	0	0	0	0	0	0	0	0	0
4月18日	0	4.3	1.6	0.1	0	0	0.9	3.2	10.2	2.6	0	0	0	8.6	10.5	6.5	4	5.3	0	0	0	0	0	3.9	0.1	0
4月19日	0	0	0.3	0	0	0	0.8	0	0	0	0.1	0	0	0	0	0	0	0	3.3	3.1	1.9	1.5	0.4	0	0	0
4月20日	0.5	0	0	0	0.7	13	0	0	0	0	0	0	0	0	0	0	0	0	0	0	0	0	0	0	0	0
4月21日	0.2	0	0	0	0	0	0	0	0	0	0	0	0	0	0	0	0	0	0	0	0	0	0	0	0	0
4月22日	0	0	0	0	0	0	0	0	0	0	0	0	0	0	0	0	0	0	0	0	0	0	0	0	0	0
4月23日	0	0	6.6	0	0	0	0	0	0	0	0	0	0	0	0	0	0	0	0	0	0	0	0	0	0.4	0.3
4月24日	0	0	0	0	0	0	0	0	0	0	0	0	0	0	0	0	0	0	0	0	0	0	0	0	0.1	0.3
4月25日	0	0	0	0	0	0	0	0	0	0	0	0	0	0	0	0	0	0	0	0	0	0	0	0	0	3.8
4月26日	0	0	0	0	0	0	0	0	0	0	0	0	0	0	0	0	0	0	0	0	0	0	0	0	0	1.2
4月27日	0	0	0	0	0	0	0	0	0	0	0	0	0	0	0	0	0	0	0	0	0	0	0	0	0	0
4月28日	0	0	0	0	0	0	0	0	0	0	0	0	0	0	0	0	0	0	0	0	0	0	0	0	0	0
4月29日	0	0	0	0	0	0	0	0	0	0	0	0	0	0	0	0	0	0	0	0	0	0	0	0	0	0.7
4月30日	0	0	0	0	0	0	0	0	0	0	0	0	0	0	0	0	0	0	0	0	0	0	0	0	0	0.5

日期	牡丹江	特克斯	阿克苏	银川	兴城	营口	太谷	万荣	庄浪	天水	昌黎	顺平	灵寿	洛川	旬邑	白水	凤翔	西安	泰安	胶州	威海	烟台	民权	三门峡	昭通	盐源
月降水量	**2.9**	**10.6**	**9.2**	**0.1**	**11.9**	**13.5**	**15.7**	**7.4**	**15.3**	**11.9**	**39**	**0.9**	**13.7**	**12.2**	**13.1**	**9.6**	**10.1**	**9**	**31.6**	**15.9**	**9.7**	**6.5**	**4.7**	**6.8**	**12**	**6.9**
5月1日	0	0.1	0	0	0	0	0	0	0	0	0	0	0	0	0	0	0	0	0	0	0	0	0	0	1.7	0.3
5月2日	0	0	0	0	0	0	0	0	0	0	0	0	0	0	0	0	0	0	0	4.3	0	0	0	0	3.1	0
5月3日	6.3	0	0	0	1.1	1.2	0	0	0	0	0	0	0	0	0	0	0	0	0	0.1	0.2	0	0	0	0	2
5月4日	1.9	14	0	0	0	0	0	0	0	0	24.8	0	7.8	0	0	0	0	0	0	0	0	0	0	0	0	0
5月5日	0	4.7	0	0	0	0	0	0	0	0	0	0.1	0	0	0	0	0	0	4.9	8.6	0	0.1	0	12.3	0	0
5月6日	0	0	0	6.2	0	0	0	0	0	0	0	0	0	0	0	0	0	0	0	0	0	0	0	0	0	0
5月7日	0	0	0	0	0	0	16.7	11.2	3.3	11.9	0	2.5	11.6	25.7	28.7	12	45.6	34.1	0	0	0	0	0	0.7	0	0
5月8日	0	0	0	0	0	8.8	3.1	10.4	8	0	28.8	4.2	10.2	1.8	0	1.6	0.2	0	30.2	33.5	19.4	6.5	15.7	7.3	0	0
5月9日	0	0	0	0	0	1.2	1.8	3.3	0	13.4	0	0	7.5	7.5	6.6	5.6	10.4	6.1	0	0	6.5	2.8	0.7	2.4	0	0
5月10日	9.8	0	0	0	0	0	0	0	0	0	0	0	0	0	0	0	0	0	0	0.1	0.3	0.3	0	0	0	0
5月11日	3.4	0.1	0	0	0	0	0	0	0	0	0	0	0	0	0	0	0	0	1.7	1.3	2.5	2.1	0	0	0	0
5月12日	5.1	0	0	0	0	0	0	0	0	0	0	0	0	0	4.2	0	0.6	0	0	0	0	0	0	0	0	0
5月13日	0	0	0	0	0	7.8	0	0	0.5	0	0	0	0	0.2	0	0	0	0	0.1	0	0	0	0	0.9	0.1	0
5月14日	0	0	0	0	0	0	0	0	0	0	1.4	0	0	0	0	0	0	0	0.1	0	0	0	0	0	0	0
5月15日	0	0	0	0	0	1.2	0	0.1	0.1	0.7	0	0	0	0	0	0	0	0	0	0	5.5	0.2	0	0	0	0
5月16日	1.5	0	0	0	0	0	0	0	0	0	0	0	0	0	0	3.2	0	0	0	0	0	0	0	9.8	0	3.3
5月17日	0.4	0	0	0	0	2.7	0	0	0	0	1.8	0	0	0	0	0	0	0	0.2	0	33	0.5	0	0	7.2	1.8
5月18日	2.4	1	0	0	0	26.7	0	0	0	0	0	0	0	0	1.3	2	0	0	0	7.7	60.5	7.8	0.1	0	0	2.5
5月19日	1.6	0	0	0	0	7.8	0	0	0	0	0	0	0	0	0	0	0	0	0	0	0.5	3.2	0	0	0.1	2.6
5月20日	0.1	0.1	0	0	0	0	0	0	1	0.1	0	0	0	0	5.8	8.1	0	0	0	0	0	0	0	0.3	0	0

（续）

日期	牡丹江	特克斯	阿克苏	银川	兴城	营口	太谷	万荣	庄浪	天水	昌黎	顺平	灵寿	洛川	旬邑	白水	凤翔	西安	泰安	胶州	威海	烟台	民权	三门峡	昭通	盐源
5月21日	0	0.8	0	0.1	9.8	0	0	0	0.4	0	13.5	0	2.4	0	0	0	0	0	0	0	0	6.6	0	0	0	0
5月22日	0	0	0	0	5.7	8.6	0	0	0	0	0	0	0	0	0	0	0	0	0	0	19.5	14.9	0	0	2.5	1.1
5月23日	0.3	0	0	0.7	11.8	6.1	0	0	4.2	0	7.4	1.1	0	0	0	0	0	0	0	0.8	9.6	0	0	0	1.8	3.6
5月24日	6.4	0	0	0	0.1	0.2	0	0	0.1	0.8	0	0	0	0	0	0	0.6	0.2	0	0	0	0	0	0	9.7	0.2
5月25日	0.1	0	0	0	0	0	0	0	0	0	0	0	0	0	0	0	0.2	0	0	0	0	0	0	0	1.3	1.8
5月26日	1.7	0	0	0	2.7	4.5	0	0	0	0	5.4	0	0	0	0	0	0	0	0	0	4.5	10.9	0	0	0.5	6.8
5月27日	3.7	0	0	0	0	0	0	0	0	0	0	0	0	0	0	0	0	0	0	4.6	0	7.1	0	0	2.9	8.2
5月28日	0.2	0	0	0	0.1	0	0	0	0	0	0	0	0	0	0	0	0	0	0	0	0	0	0	0	3.2	4.8
5月29日	0	0	0	0	0	0	0	0	0	0	0	0	0	0	0	0	0	0	0	0	0	0	0	0	0	0
5月30日	0	0	0	0	0	0	13.9	0.1	0.5	0	0	0	0	0	0	0	0	0	0	0	0	0	0	0	0	0
5月31日	0	0	0	0	29.7	10	0	0	0.1	0	20.2	0	0	0	0	0	0	0	0	0.3	0.7	0	0	0	0.3	0.1
月降水量	**44.8**	**20.9**	**0**	**9**	**75.9**	**79**	**35.6**	**25.1**	**18.2**	**26.9**	**78.7**	**32.8**	**32**	**35.2**	**46.6**	**32.5**	**57.6**	**40.4**	**37.1**	**61.3**	**162.8**	**63**	**16.5**	**33.7**	**34.4**	**39.1**
6月1日	5.1	0	0	0	0	0	0	0	12.3	1.8	0	0	0	0	0	0	1	0	0.1	0	0	0	0	0	0	0.3
6月2日	0	0	0	0	2.8	9.1	0	2.4	0	0	0	0	0	0	0	0	0	0	0	13.9	15.4	18.2	0	0	1	1.6
6月3日	0.8	0	0	0	0	0	0	0	0	0	0	0	0	0	0	0	0	0	0	0	0	0	0	0	2.5	0
6月4日	0	0.3	0	0	0	0	0	0	0	0	0	0	0	0	0	0	0	0	0	0	0	0	0	0	0	0
6月5日	1.1	1.1	0	0	0	0	0	0	0.9	0	0.2	0	0	0	0.1	0	0	0	0	0	0	0	0	0	0.8	0
6月6日	0	0	0	0	0	0	0	0	0	0	0	0	0	0	0	0	0	0	0	0	0	0	0	0	0.7	2
6月7日	0	0	0	0	0	0	0	0	0	0	0	0	0	13.4	17.3	0	8.1	17.7	0	0	0	0	0	0	0	0
6月8日	0	0	0	6.7	0	0	0	0	14.7	18	0	0	0	0	0	10.4	0	0	0	0	0	0	0	0	0	0
6月9日	11.1	0	0	0	0	0	0	0.4	0	0	0	0	0	0	0	0.1	0	0.1	0	1.3	0	0	1	15.1	3.3	0

日期	牡丹江	特克斯	阿克苏	银川	兴城	营口	太谷	万荣	庄浪	天水	昌黎	顺平	灵寿	洛川	旬邑	白水	凤翔	西安	泰安	胶州	威海	烟台	民权	三门峡	昭通	盐源
6月10日	1.2	0	0	0	0.2	0	0	0	0	0	5.4	2.2	0	0	0	0	0	0	0	5.7	4.8	5.8	2.7	0	13.8	0
6月11日	0	11.9	0	9.6	0	0.1	0	0.2	2.9	2.7	0	0	0	6	0	0.6	0.6	0.1	0	0	0	0.2	0	3.2	0	0
6月12日	0	0.1	2	0	0	0	0	1.4	0	0.1	0	0	0	0	0.1	0.3	0.1	0	2.6	0	0	0	15	0	0	0
6月13日	5.5	0.6	0	0	0	0	0	0	0	0	0	0	0	0	0	0	0	0	0	0	0	0	0	0	4.9	0
6月14日	13.8	0	0	0	0.1	0	0	0	0	0	0	0	0	0	0	0	0	0	0	0	0	0	0	0	0.8	24.7
6月15日	4.9	0	0	0	0	0	0	8.9	8.2	3.9	0	0	0	5.6	14.2	5.3	12.2	13.8	0	0	0	0	0	3.2	0.3	0.3
6月16日	0	0	0.3	0	0	0	0.5	26	14.5	24.5	0	0	0	26.1	16.8	28.1	22.4	39.7	0	0	0	0	10.9	21.5	0	0
6月17日	0.6	0	0	0	0	0	0.3	20.4	1.7	2	0	0	0	15.6	10.2	21.7	11.1	17.9	13.2	2.7	0	0	15.3	32.9	10.2	0
6月18日	0	0.3	0	0	0.3	0	0	0.1	0	0	0	0	0	0	0	0	0	0	1.4	4.1	0	0.2	0.8	0	0	0
6月19日	0	0.1	0	0	0	0	0	0	0	0	0	0	0	0	0	0	0	0	0	0	0.1	0	0	0	0	0.2
6月20日	1.1	1.1	0	0	0	0.6	0	0	0	0	0	0	0	0	0	0	0	0	0	0	0	0	0	0	0	0
6月21日	6.1	0	0	0	0	0	0	0	0	0	0	0	0	0	0	0	0	0	0	0	0	0	0	0	0	0
6月22日	0.1	0	0	3.9	0	0	0	0	2.3	2.5	0	0	0	0	1.4	0	3	3.4	0	0	0	0	0	1.3	0	0
6月23日	0	0	0	0	0	0.2	0	0	0	0	0	0	0	0	0	0	0.1	1.5	0	39.8	22.7	27	1.3	0	3.1	0
6月24日	0.4	2.9	0	0	0	0.6	0	0	0	0	0.9	0	0	0	0	0	0	0	0	0.1	3.4	2.6	0	0	3.4	10.8
6月25日	0	0	0	0	0	0	0.1	0	0	0	0.3	0	0	0	0	0	0	0	0.4	0	1.2	0.3	0	0.6	0	0.1
6月26日	8.6	0	0	0	0	3.8	0	16.1	29.7	20.9	0	0	0	3.3	15.5	3.3	26	6.8	43.7	5.3	0	0	0	0	0	0
6月27日	6.1	0	0	0	8.5	0	0	0	0.6	0.5	0	0	0	0	0.1	0	7.6	3.4	0.1	0	1.6	16.1	0	0	0	0
6月28日	4	5.4	0	0	0	0	18.1	1.1	0	0	0	0.3	1.4	0	1.6	0	2.2	22.5	0	0	0	0	0	0	0	0
6月29日	1.1	29.1	0.2	0	0	0	0	0	0	0	0.7	0	0	0	0	0	0	0	0	13.6	10.7	1.6	0	0	3.4	0
6月30日	0	0	0	0	0	0	0	0	0	0	0	0	0.5	0.2	0	0	0	0	41.4	0	0	0	0.1	0	38.1	32

日期	牡丹江	特克斯	阿克苏	银川	兴城	营口	太谷	万荣	庄浪	天水	昌黎	顺平	灵寿	洛川	旬邑	白水	凤翔	西安	泰安	胶州	威海	烟台	民权	三门峡	昭通	盐源
月降水量	71.6	51.8	3.1	20.2	11.9	13.8	19.1	77	87.8	76.9	7.5	2.5	1.9	70.2	77.3	69.8	94.4	126.9	102.9	86.5	60.1	72	47.1	77.8	86.3	72
7月1日	0	0	0	0.4	3.4	0	0	0	1.1	0	0	0	0	0	0	0	0	0	0	0	0	0	0	0	0	1.9
7月2日	0	0	0	0	0	0	0.5	0	0	0	0.5	0	0.2	0	0	0	0	0	0.3	0	0	0	0	0.1	0	0.3
7月3日	0	0	0	0	0	0	0	0	0	0	0.4	36.8	6.3	0	0	0.3	0.1	0.5	0.3	0.3	0	2.5	0.1	0	0	0
7月4日	0	0	0	0	0	4.2	1.2	0	0	0.4	0	0	0	0	0	0	0	0	0	0	0	0	0	0	3.6	0.5
7月5日	0	4.4	0	0	0	0	0	0	0	0	0.4	0	0	0	0	0	0	0	1.4	0	0	0	0	0.1	0	5.4
7月6日	0.7	1.1	0	0	0	0	0	0	0	0	0	0.1	0	0	0	0	0	0	0	0	11.8	3.9	0	0	0	2.3
7月7日	4.7	2.6	0	0.4	0	0	0	0	0	0	0	0	0	0	0	0	0	0	0	0	0	0	0	0	0.2	0
7月8日	0	0	0	0	0	0	0	0	0	0	0	0	11.5	0	0	0	0	0	0	0	0	0	0	0	8.2	35.8
7月9日	0	0	0.3	0.1	0.1	0	0.2	6	0	0	0	22.6	36.4	0	0	0	0	0	3.5	0	0	0	0.2	0	0.2	0
7月10日	0	0.1	0.1	0	0	0	7.8	0	4.4	7.4	0	0	0	0.8	18.3	16	14.4	1.8	0	0	0	0	0	0	16.8	2.8
7月11日	0	0	0.6	0.4	0	0	0	6.1	11.9	15.7	0	0	0	17.1	17	20.5	34.8	31.9	0	0	0	0	0	3.4	0	0
7月12日	0	0	0	0.3	0	0	9.9	12.3	1.5	1.2	0	17.5	18.7	1.8	0.7	0.1	1.8	3.2	27.4	20.2	10.9	3.8	19.7	2.6	0	0.5
7月13日	0	0	0	0	16.9	9.2	0	0	0	0	5.4	0.1	0.3	0	0	0	0	0	0	1.3	12.1	4.9	0	0.1	0.3	0.2
7月14日	0	0	0	0	0.1	0	0	1.2	25.8	8.1	0.3	7.7	0	2.9	1.9	4.7	15.4	12.7	0	0	0.1	0	0	3.8	0	0.2
7月15日	13	0	0	0	0	0	0	0	0	0	0	0	0	0.1	0	0	0	0	0	0	0	0	0.2	0	0	0.2
7月16日	0	0.2	0.1	0	0	6.5	0	0	0.7	0	0	0	0	0.1	0	0.1	0.3	2	0.4	5.2	0	0	0	0	0	0
7月17日	0	1.9	0	1.8	0	0	0.6	2.6	0	0	0	0	7.4	0	0.1	7.5	0	0	0	0	0	0	2.2	10.7	19.6	16.5
7月18日	0	0	0.2	0	0.1	0	0	3.9	19.8	25.2	0	0.2	0	4.2	4.7	1.4	5.1	1.1	0	3.7	7.1	0	0.1	0	5.9	3.4
7月19日	0	0.2	0.1	0	0	0	0	0	0	0	0	0	0	0.2	0	0.1	0	0.1	0.2	13.8	80.7	56.6	0	0.2	0.5	18.6
7月20日	38.2	0.2	0.1	5	0	0	0	0	0	0	0	0	0.1	0.1	0	0	0	0	0	0	0	0.1	0	0	0	1.7

日期	牡丹江	特克斯	阿克苏	银川	兴城	营口	太谷	万荣	庄浪	天水	昌黎	顺平	灵寿	洛川	旬邑	白水	凤翔	西安	泰安	胶州	威海	烟台	民权	三门峡	昭通	盐源
7月21日	0	0	0.3	0.9	0	0	0	0	0.2	0	0	0	0	0	0.8	0	0.8	0.1	0	0	0	0	0	0	0	0
7月22日	0	5.2	1	0	0	0	0.2	16.7	0.1	0	0	0	0	10.5	0.2	1.8	0	0.3	6.7	3.7	0.2	0	159	6.7	0	0
7月23日	0	0.2	0	0	0	0	0	0	0.3	0.1	0	0	0	0.4	8.5	0	27	7.3	0	50.9	61.2	46.8	0	0	0	0
7月24日	0	0	0	0	0	0	6.4	0	10.2	0.4	0	0	0	3.6	18.1	1.6	22	10.8	0	0	0	0	0	1.4	0	0
7月25日	0	0.1	0	1	0	0	0.1	5.5	3.1	41.1	0	0	0	2.3	11.1	7.7	63.9	16.8	0	0	0	0	0	29	0	0
7月26日	0	0	0.5	0	0	0	0.1	0.2	0	0	0	5	0.1	0	0.2	0.3	0	0	9.3	0	0	0	23.4	0.7	5.3	38.3
7月27日	1.2	0	0.3	0	0	0	4.2	0	0	0	0	1.4	0.6	0	0	0	0	0	0	0	0	0	0	0	0	0
7月28日	0	0	0	0	21.9	0	0	0	0	0.6	0	0	3.4	0	0.1	0	0.2	0	0	0	0	0	0	0	0	0
7月29日	0	0	0	0	0	0.6	0	0	0	0	0.5	0	0	0	0	0	0	0	0	0	0	0	0	0	0	0
7月30日	0	0	0	0	0	0	0	0	0	0	0	0	0	3.7	0	0.2	14.7	0	5.5	0	0.5	0	10.3	0	0	0.2
7月31日	0	0	0	0	0	0	0	0	0	0	10.8	0	0	0	0.2	0.2	0	0	0	0	0	0	5.6	0	2.8	66.3
月降水量	57.8	15.9	3.9	9.9	42.4	19.9	31.2	54.5	79.1	100.2	18.3	91.4	84.9	47.7	81.9	62.3	200.5	88.6	55	99.1	184.6	118.6	220.8	58.8	68.8	195
8月1日	0	0	0	0	0	1.7	1.1	0.2	0	3.7	0	0	0	0	0.2	0.2	4.4	1.4	0	0	18.9	0	0	0	0	0.7
8月2日	0	0.6	0	0	41.8	5.8	0	0	0	0	1.7	0	0	1.5	0	0	0.1	0	72.8	41.3	6.8	4.3	21.7	1.4	0	0
8月3日	9.4	0	0	0	0.1	0	0	0	0	0	0	0	0	1.5	1.2	0.3	0	0.2	0	5.9	0.4	0	0	0	0.2	0.1
8月4日	0	1.6	0	0	0	0	34.7	7	0.8	3.7	0	52.4	9.6	20.2	7.2	0	0.1	0	10	60.3	5.7	6	11.3	0	0	27.4
8月5日	0	0	0	0	0	0	46.7	0	16.6	0.2	0	9.5	19.1	17.7	1.5	2.8	0.2	0	0	0.3	0.1	0.2	0	0	0	0
8月6日	0	0	0	0	0	0.2	0	56.8	16.6	0	0	0.4	8.6	0.6	16.2	1.3	1.5	0.4	1.9	17.9	0.3	0.2	126.6	0.4	0	0
8月7日	2	0	0	0	0	0	0.5	1.8	0	0	0	0	0	1	1.5	3.6	17.1	20.8	41.5	19.7	4.1	4	112.7	21.2	0.6	0
8月8日	0	0	0	1.3	0	0	0	0	0	0	0	0	0	0.3	0.1	0.5	0	0.1	0	0	1.3	0	0	0.1	3.2	1
8月9日	0	0	0.1	0	0.5	1.1	0	0	0	0.5	0	0	0	0	0	0	0	0	0	0	5.1	0.1	0	0.1	17	1.1

（续）

日期	牡丹江	特克斯	阿克苏	银川	兴城	营口	太谷	万荣	庄浪	天水	昌黎	顺平	灵寿	洛川	旬邑	白水	凤翔	西安	泰安	胶州	威海	烟台	民权	三门峡	昭通	盐源
8月10日	0.7	1.5	0	0	0	0	0	0	0	0	0	32	0	0.3	0	0	0	0	0	0	0	0	0	0	0	1.3
8月11日	11.4	0	0	19.4	0	0	0	0	0.3	11	0	0	0	0	0	0	0	0	0	0	0	0	0	0	0	0
8月12日	5.4	0.6	0.1	1.8	0	0	12.5	0	39.1	48.6	0	28.4	2.9	4.2	4.8	0	22.5	2.2	0.1	0	0	0	40.4	0	0	0
8月13日	0.1	0	0.3	0	23.7	26.3	0	2.2	0	0	4.7	1.4	8.5	0.3	0	0.1	0	0	42.4	0	0	0	0	0	80.7	17.6
8月14日	9.1	9.4	0	0.1	0	0	14.6	0.2	9	0.9	0	0	0	23	19.4	3.2	6.7	9.1	0.1	10.9	0.3	0	0	5.4	4.4	0
8月15日	0.9	0	0	0	1.4	2.1	0	31.2	3.2	11.5	11.2	2.1	6.9	6.8	9.3	11.4	23.9	32.1	15.2	0	2.4	6.8	1	2.2	0	0
8月16日	0	0	0	0	0	0	51.7	0.6	22.7	33.3	0	5.3	14.4	46.5	44.2	20.6	46.9	14.4	0	0	0	0	0	1.6	0.3	5.9
8月17日	3.8	0.2	0	5.3	3.9	0	0.5	7.7	37.8	51.3	23.3	0	0	47.2	3.7	0.1	6.3	1.4	0	0	0	0	0	0	10.7	38
8月18日	20.5	6.8	0	0	0	26.5	7.3	6	0.1	0.1	0	0	0.1	2.5	3.1	0	2.8	4.2	0	0	0	0	0	45.6	32.8	38.5
8月19日	29	0	0.5	0	4	38.1	0	27.9	0	0	26.7	0.6	1.6	1.7	0.3	15	0	5	50	26.4	0	0	0	0	0.1	14.1
8月20日	0	0	0	0	0	0	0	0.2	0.3	0	0	0	0	0	0	0.8	0.2	0.4	0	0.4	8.2	12.5	16.2	1.8	0	2.4
8月21日	0	2.4	16.1	0	0	0	0	0	0	0.6	0	0	0	0	0	0	0	0	0	2.8	9.4	14.7	0.2	0	0	0
8月22日	0	0	0	0.1	0	0	0	0	0	37.9	0	0	0	0	0	0	0	0.8	0	0	6.9	0	0.1	0	0	0
8月23日	0	0	4.5	10.8	0	0	0	27.6	32.3	0	0	2.7	2	13.6	16.7	6.8	13.2	5.1	0.2	0	0.3	0	9.9	0	0	0
8月24日	14.1	0	0	0	83.4	78.2	0	3.7	0	0	166.2	39	5.5	0	0.1	0	0.1	0	1.8	13.7	8.6	3.2	0	9.5	1.3	15.6
8月25日	5.4	0	0	0	0	0	0	0	0	0	0	0	0	0.7	0	0	0	0	0	7	3.9	0	0	0	0	0
8月26日	0	3.1	0.3	0	0	0	0	0	0	0	0	0	0	0.1	3	1.1	0	0	0	56.1	15.5	9.4	0	0	0	0
8月27日	22.2	22.9	0.1	0.3	4.5	31.4	0	0	0	0	0	5.1	0	0	0	0	0	0	0	0.1	30.6	12.6	0	0	0	24.3
8月28日	27.3	3.6	0	0	0	0.5	0	0	0	3.6	0	0.1	0	0	0	0	0	0	0	0	0	0.5	0	0	0	3.1
8月29日	24.7	0	0	27.4	0	0	0	0	5	23.2	0	0	0	0	0	0	0	0	0	0	0	0	0	0	0	0.5
8月30日	4.6	0	0.3	12.4	0	0	0	0	16	0	0	0	0	2.1	7.4	0	4.9	0	0	0.2	0	0	0	0	13.3	16.6

日期	牡丹江	特克斯	阿克苏	银川	兴城	营口	大谷	万荣	庄浪	天水	昌黎	顺平	灵寿	洛川	旬邑	白水	凤翔	西安	泰安	胶州	威海	烟台	民权	三门峡	昭通	盐源
8月31日	0	0	0	0	0	6.2	0	0	0	0	0	0.1	0	1.3	0.2	0.1	0.7	0.2	0	53.1	1.2	15.4	0	0.1	2.6	16.2
月降水量	190.6	52.7	22.3	78.6	163.3	218.1	169.6	173.1	183.2	229.6	234.3	179.1	79.2	193.1	140.1	67.9	151.6	97.8	236	316.1	130	89.9	340.1	89.3	187.4	224.4
9月1日	9.4	0	0	0	0	0	1.4	0	3.6	0.6	0	1.3	0	0	0	0	0	0	0	0	0.1	0.1	0	0	0	0
9月2日	1.6	4.3	0	0	0	0	0	0	0.1	0.1	0	0	0	0	0	0	0	0	0	0	0	0	0	0	2.7	0
9月3日	40	0	0	0	0	3.9	0	0	0	0	0	0	0	0	0	0	0	0	0	0	5	13.4	0	0	0	19.2
9月4日	0	1.3	0	0	0	16.7	0	0	0	0	0	0	0	0	0	0	0	0	0	0.1	0.1	0	0	0	0	6.7
9月5日	0	0	2.7	0	0.7	5.7	0	0	2.8	0.9	0	0	0	0	1.3	0	3.9	0	0	1.4	0	0	0	0	0	0.3
9月6日	0	0	0.4	0	0.1	0	0	0	0.1	0	7.5	0.5	0	0	0	0	0.1	0	0	0	0	0	0	0	27.4	36.3
9月7日	49.2	1	0	0	0	11.5	0	0	0	0	0	0	0	0	0	0	0	0	0	0	0	0	0	0	0	0
9月8日	9.6	0	0	0	0	6.2	0	0	0	0	0	0	0	0	6.6	0	0	0	4.3	0	0	0	0	0	0	0
9月9日	2	0	0	0.9	3.3	0.1	0	0.9	0.5	1.3	1.1	0	0	2.6	0	4.4	3	9.4	0	0	0	0	0.1	2.7	0	0
9月10日	3	0	0	0	1.4	1.2	0	0	0	0	0	0	0.6	0.1	0	0	0.1	0.1	0	0	2.3	4.8	0.8	0.1	5	5.9
9月11日	0	0	0	0	0.3	1.9	0	0	0	0	1.5	0.2	0	0	0	0.1	0	0.1	0	0	2.7	4.8	0	0	0.4	1.9
9月12日	0.2	0	0.2	0	0	0	0.2	0	0	0	4.5	0.2	0.6	0	0	0	0	0	0	0	1	0	0	0	5.1	4.4
9月13日	0.5	4.7	0	6.9	0	0	3.1	1.5	14.9	9.4	0	0	0	12.9	11.6	0	4.7	0	0	0	0	3.7	0	0	4.4	32.7
9月14日	0	0	0	2.1	34.6	3.9	2.6	6	0.2	6.6	46.9	4.7	27.3	4.7	2.8	1	0.1	0.5	32.7	0	0	0	0	0	9.2	38.3
9月15日	0	0	1.1	0	0.1	32.7	0	0	0.1	0.1	0.2	11.8	4.6	3.8	3.3	1	0	0	0.1	0	0	0.3	0	0	14.5	0
9月16日	3.9	3.4	0	0	0	0.2	0	0	0	0	0	0.1	0	0	0	0	0	0	0	0	7.9	5.1	0	0	9.5	0.5
9月17日	0.6	0	0	0	0	0.1	0	0	0	0	0	0	0	0	0	0	0	0	0	0	0	0	0	0	10	5
9月18日	0.2	4.4	0	0	0	0	0	0	0	0	0	0	0	0	0	0	0	0	0	0	0	0	0	0	0	1.8
9月19日	6.7	0.1	1.1	0	0	0	0	0	0	1.3	0	0	0	0	0	0	0.3	0.5	0	0	0	0	0	0	0	0

日期	牡丹江	特克斯	阿克苏	银川	兴城	营口	太谷	万荣	庄浪	天水	昌黎	顺平	灵寿	洛川	旬邑	白水	凤翔	西安	泰安	胶州	威海	烟台	民权	三门峡	昭通	盐源
9月20日	2.1	0	8.3	0	0	0	0	0.3	0	0.1	0	0	0	0.1	2.8	4.6	1.1	9.3	0	0	0	0	0	4.6	0	0
9月21日	0	0	0	0	0	0	0	0.1	6.9	9.1	0	0	0	5	12.1	8.4	11.7	15.6	0	0	0	0	1.1	5.7	0	0
9月22日	1.3	0	0	7.9	3.8	0	0	0.2	0	0	0	0	3.9	6.4	1.7	1.9	2.4	0.1	0	0	0	0	0	0	18	1.1
9月23日	0	0	0	0	0	0	2.7	1	0	0	0	19	11.9	0	0	0	0	0	0	0	0	0	0.1	0.1	1.1	2
9月24日	0	0	0	0	0	0	0.1	0	0	0	7.7	0	0	0	0	0	0	0	0	5.8	0	0	0	0	0	1.1
9月25日	0.1	0	0	0	0	0	0	0	9.4	2.3	0	0	0	1.3	0.3	0.8	0.5	0	0	0	0	0	0	0	0.7	0
9月26日	0	0	0	0	0	0	0	1.2	0.2	0	0	0	0	0.5	0	0.9	0	0	0	0	0	0	0	0	0	0
9月27日	0	2.9	0	2.9	0	0.2	2	0	0.8	0	0	0	0	0.8	0	0.2	1.5	2.8	0	0	0	0	0	0	0.1	0
9月28日	19	0	0	0	0	6.4	0.8	0	0.1	0.2	16.8	5.6	0	0.1	0	0	0	0	0	0	0	0	0	0	1.7	0
9月29日	1.5	1.5	0	0	0	0	0	0	0	2.4	0	0	5.3	0	1.3	0	2.8	0.6	0	0	0	0	0	0	0.4	0
9月30日	0	0	0	5.1	0	0	0	0	16.8	0	16.8	0	0	0.1	0	0	0	0	0	0	0	0	0	0	2	0
月降水量	**150.9**	**23.6**	**13.8**	**25.8**	**40.5**	**94.5**	**12.9**	**11.2**	**56.5**	**34.3**	**86.2**	**43.4**	**53.6**	**38.3**	**43.8**	**23.3**	**32.2**	**39**	**37.1**	**7.3**	**19.1**	**32.2**	**2.1**	**13.2**	**112.2**	**157.2**
10月1日	0	0	0	0	2.7	2.7	3.9	0	0.4	6.7	4.2	0.1	0	1.6	1.2	0	2.3	3.2	0	0	0	0	0	0	0.6	0
10月2日	7.1	0	0	0	0	0	0	3.2	3.7	7.6	0	0	0.6	4.9	8.2	8	17.6	12.6	0	0.1	0.2	0.2	2.4	13.8	0.1	0
10月3日	0	0	0	0	0	0	0	0.1	0	0.2	0	0	0	0.2	0.3	0.1	1.3	0.5	0	0	0	0	0.1	1.3	0	0
10月4日	3	1.6	0	0	0	0	0	0	1.5	0.4	0	0	0	0.5	0	0	0	0	0	0	0	0	0	0.1	0.1	0
10月5日	6	0.5	0	0	0	0	0	0.1	1.2	0.1	0	0	0	0	3	0.5	0.5	0.8	0	0	0	0	0	0.9	0	0
10月6日	13.6	0	0	0	0	0	0	0	0	0.1	0	0	0	0	0	0	1.8	1	0	0	0	0	0	0	0.2	0
10月7日	0	0	0	0	0	0	0	0	5.4	0	0	0	0	0.9	2	0	0	0	0	0	0	0	0	0	1.4	6.4
10月8日	0	0	0	0	0	0	0	0	0	4.3	0	0	0	0.1	0	0	1.5	0.2	0	0	0	0	0	0	0	0
10月9日	0.1	0	0	0	0	0	0	0	0	4.8	0	0	0	0.1	0	0.3	4.5	0.6	0	0	0	0	0	0	0.3	0

日期	牡丹江	特克斯	阿克苏	银川	兴城	营口	太谷	万荣	庄浪	天水	昌黎	顺平	灵寿	洛川	旬邑	白水	凤翔	西安	泰安	胶州	威海	烟台	民权	三门峡	昭通	盐源
10月10日	0	0.3	0	0	0	0	0	1.4	0.3	0.4	0	0	0	0.4	2.4	2	0	0	0	0	0	0	0	0.3	0.1	0
10月11日	0	0	0	0.4	0	0	0	0	0.6	5.7	0	0	0	0	0	0	4.2	14	0.4	0	0	0	0	1.3	0.4	0
10月12日	0	0	0	0	0	0.4	0	2.5	0.3	0.1	0	0	0	0.1	0.3	0.4	0	0.2	0.1	0	0	0	0	1.1	2.1	1.2
10月13日	0.2	0	0	0	0	0	0.4	14	5.9	13.6	0	0	0	4.5	13.2	14	13.1	21.5	0.4	0	0	0	2.4	17.9	0	0
10月14日	0.1	0	0	0	0	0	2	11.3	0.1	1.8	0	0.3	0	3.3	6.6	4.4	7.1	7.2	1.3	0.8	0.5	0	13.6	13.4	0	0
10月15日	0	0	0	0	0	0.9	0	0	0	1.3	0	0	0	0	0	0	5.5	5.9	0	0	0	0	0.5	1.5	0	0
10月16日	0.1	0	0	0	0	0	0	0	0	0	0	0	0	0	0	0	0	0.2	0	0	1.5	7.9	0	0	2	1.4
10月17日	0	0	0	0	0	0	0	0	0	0	0	0	0	0	0	0	0	0	0	0	0	0	0	0	0.4	2.6
10月18日	0.1	0	0	0	0	0	0	0	0	0	0	0	0	0	0	0	0	0	0	0	0	0	0	0	2.1	0
10月19日	0	0	0	0	0	0	0	0	0	0	0	0	0	0	0	0	0	0	0	0	0	0	0	0	1.9	9.6
10月20日	0	0	0	0	0	0	0	0	0.2	1.3	0	0	0	0	0	0	0	0	0	0	0	0	0	0	3.8	26.8
10月21日	1.6	0	0	0	0	0.2	0	0	0	0	0	0	0	0	0	0	0	0	0	0	0	0	0	0	0.1	11.5
10月22日	0.2	0	0	0	0	0	0	0	0.2	0	0	0	0	0	0	0	0	0	0	0	0	0	0	0	0	0.2
10月23日	0	0	0	0	0	0	0	0	0	0	0	0	0	0	0	0	0	0	0	0	0	0	0	0	0	0.7
10月24日	0.1	10.8	0	0	0	0	0	0	0	0	0	0	0	0	0	0	0	0	0	0	0	0	0	0	0	0
10月25日	0.1	0	0	0	0	0	0	0	0	0	0	0	0	0	0	0	0	0	0	0	0	0	0	0	0	0
10月26日	0	0	0	0	0	0	0	0	0	0	0	0	0	0	0	0	0	0	0	0	0	0	0	0	0.1	0
10月27日	0	0	0	0	0	0	1	2.7	11.2	4.8	0	0	0	5.4	11.4	3	2.7	4.1	0.1	0	0	0	0	4.7	0.2	0
10月28日	0	0	0	0	0	0	0	1.4	0.1	0	0	0	0	0.3	0.1	0.2	0.2	1	0.1	0	0	0	0	1.8	0.1	0
10月29日	0	0	0	0	0	0	0.8	0	0	0	0	0	0	0	0	0	0	0	0.2	0	0	0	0	0	0.1	0
10月30日	0	0	0	0	0	0	0	0.7	1.9	1.2	0	0	0	1.5	0.8	0.5	0.5	0.6	0	0	0	0	0	0	0	0

（续）

日期	牡丹江	特克斯	阿克苏	银川	兴城	营口	太谷	万荣	庄浪	天水	昌黎	顺平	灵寿	洛川	旬邑	白水	凤翔	西安	泰安	胶州	威海	烟台	民权	三门峡	昭通	盐源
10月31日	0	0	0	0	0	0	0.1	0.4	0	0	0	0	0	0.2	0	0.1	0	0	0.2	0	0	0	0	0	0	0
月降水量	**18.7**	**26.8**	**0**	**0.4**	**2.7**	**4.2**	**8.2**	**37.8**	**33**	**54.4**	**4.2**	**0.4**	**0.6**	**23.9**	**49.5**	**33.5**	**62.8**	**73.6**	**2.8**	**0.9**	**2**	**8.1**	**19**	**58.1**	**16.1**	**60.4**
11月1日	0	0	0	0	0	0	0.1	0	0.1	0	0	0	0	0	0	0	0	0	0	0	0	0	0	0	0	0.2
11月2日	0.1	0	0	0	0	0	0.1	0	0	0	0	0	0	0	0	0	0	0	0	0	0	0	0	0	0.4	0
11月3日	0	0	0	0	0	0	0	0	0	0	0	0	0	0	0	0	0	0	0	0	0	0	0	0	0.7	0
11月4日	0	0	0	0	0	0	0.5	0	0.4	0	0	0	0	0	0	0	0.2	0	0	0	0	0	0	0	0.2	0
11月5日	0	0	0	0	0	0	0	0.3	1.5	0.7	0	0	0	0.2	0.4	0	0.7	1	0	0	0	0	0	0.1	0	0
11月6日	0	0	0	0	0	0	0	0	0	0	0	0	0	0	0	0	0.2	0	0	0	0	0	0	0	0	0
11月7日	0	0	0	0	0	0	0	0	0.1	0	0	0	0	0	0	0	0	0.1	0	0	0	0	0	0	0	0
11月8日	0.3	0	0	0	0	0	0	0	0	0	0	0	0	0	0	0	0	0	0	0	0	0	0	0	0	1.2
11月9日	0.1	0	0	0	0	0	0	0	0.1	0	0	0	0	0	0	0	0	0.1	0	0	0	0	0	0	0	0
11月10日	0	0	0	0	0	0	0	0	0	0	0	0	0	0	0	0	0	0	0	0	0	0	0	0	0	0
11月11日	0	0	0	0	0	0	0	0	0	0	0	0	0	0	0	0	0.2	0	0	0	0	0	0	0	0	0
11月12日	0.5	0	4.7	0	0	0	0	0	0	0	0	0	0	0	0	0	0	0	0	0	0	0	0	0	0	0
11月13日	0	1.7	0	0	0	0	0	0	0	0	0	0	0	0	0	0	0	0	0	0	0	0	0	0	0	0
11月14日	0	0	0	0	0	0	0	0	0	0	0	0	0	0	0	0	0	0	0	0	0	0	0	0	0	0
11月15日	0	0	0	0	0	0	0	0	3	3.4	0	0	0	0	0	0	0	0	0	0	0	0	0	0	0	0
11月16日	0	0	0	0	0	0	0.5	1.2	0	0	0	0	0.8	2.7	3.5	0.8	5.3	8.4	2.3	0.2	0.8	0	0	0	0	0
11月17日	0	0	0	0	0	0	0.1	0	0	0	23.2	10.4	18.4	0	0	0	0	0	0	0	0	0	9.9	0.2	0	0
11月18日	1	0	0	0	25.9	9	0	0	0	0	0	0	0	0	0	0	0	0	3.2	2.8	43.7	0.5	0.7	0	0	0
11月19日	23.7	0	0	0	0	0.1	0	0	0	0	0	0	0	0	0	0	0	0	0	0	0.1	0	0	0	0	0

日期	牡丹江	特克斯	阿克苏	银川	兴城	营口	太谷	万荣	庄浪	天水	昌黎	顺平	灵寿	洛川	旬邑	白水	凤翔	西安	泰安	胶州	威海	烟台	民权	三门峡	昭通	盐源
11月20日	6.8	0	0	0	0	0	0	0.3	0.3	0	0	0	0	0.1	2.2	0.1	1.6	0.8	0	0	0	0	0	0	0	0
11月21日	0	0	0	6.1	0.2	0	2.8	0.8	0	0	0	3.3	3.8	1.4	2.4	0.2	0.8	2	2.6	1	0	0	4.1	2.7	0	0
11月22日	0	0	0.4	0	0	0	0	0	0.1	0.9	0	0.4	0	0	0.5	0	3.5	1.2	0.8	1.4	0	0	0	0	0	0
11月23日	0	0	0	0	0	0	0	2	0.2	1.8	0	0	0	1.8	1.4	1.7	2.4	4.4	0	0	0	0	0	3.5	0	0
11月24日	0	0	0	0	0	0	0	0	0	0	0	0	0	0	0	0	0	0	0	0	0	0	0	0	0	0
11月25日	0	0	0	0	0	0	0	0	0	0.2	0	0	0	0	0.2	0.1	0	0.1	0	0	0	0	0	0	0	0
11月26日	0	0	0	0	0	0	0	0	0	0	0	0	0	0	0	0	0	0	0	0	0	0	0	0	0	0
11月27日	0	0	0	0	0	0	0	0	0	0	0	0	0	0	0	0	0	0	0	0	0	4.1	0	0.5	0	0
11月28日	0	0	0	0	0	0	0	0	2	1.8	0	0	0	0	3.1	0.3	4.9	1.7	0	0	0.3	0	0	0	0	0
11月29日	0	1.7	0	0	0	0	0	0	0	0	0	0	0	0	0	0	0	0	0	0	2.2	0	0	0	0	0
11月30日	0	0	0	0	0	0	0	0	0	0	0	0	0	0.1	0	0	0.6	0	0	0	1.3	0.3	0	0	0	0
月降水量	**32.5**	**3.4**	**5.1**	**6.1**	**26.1**	**9.1**	**4.1**	**4.3**	**8**	**8.8**	**23.2**	**14.1**	**23**	**6.3**	**13.7**	**3.2**	**20.4**	**19.8**	**8.9**	**5.4**	**48.8**	**5.9**	**14.7**	**7**	**1.3**	**1.4**
12月1日	0	0	0	0	0	0	0	0.1	0.7	2	0	0	0	0.7	2	1.9	0.5	0.7	0.7	0	0	0	0	1.1	0	0
12月2日	0	0	0.1	0	0	0	1	0	0.2	0.1	0	0.1	0.2	0.3	0.4	0.4	1	0	0.9	0.1	3.7	2.8	0	0	0.1	0
12月3日	0	0	0	0	0	0	0	0	0	0.9	0	0	0	1.6	1.6	0	3.4	0.7	0	0	0.7	2.1	0	0	1.2	0
12月4日	0	0	0	0	0	0	0	0	0	0	0	0	0	0	0	0	0	0	0	0	0	0	0	0	0	0
12月5日	0	0.8	0	0	0	0	0	0	0	0	0	0	0	0	0	0	0	0	0	0	0	0	0	0	0	0
12月6日	0	0	0	0	0	0	0	0	0.2	0.4	0	0	0	0	0	0	0	0.8	0	0	0	0	0	0	0	0
12月7日	0	0	0	0	0	0	0	0	0.6	0.2	0	0	0	0	0	0	0	0	0	0	0.3	0	0	0	0	0
12月8日	0	0	0	0	0	0	0	0	0	0	0	0	0	0	0	0	0	0	0	0	0	0	0	0	0	0
12月9日	0	0	0	0	0	0	0	0	0	0	0	0	0	0	0	0	0	0	0	0	0	0	0	0	0	0
12月10日	0	0	0	0	0	0	0	0	0	0	0	0	0	0	0	0	0	0	0	0	0	0	0	0	0	0

日期	牡丹江	特克斯	阿克苏	银川	兴城	营口	太谷	万荣	庄浪	天水	昌黎	顺平	灵寿	洛川	旬邑	白水	凤翔	西安	泰安	胶州	威海	烟台	民权	三门峡	昭通	盐源
12月11日	0	0	0	0	0	0	0	0	0	0	0	0	0	0	0	0	0	0	0	0	0	0	0	0	0	0
12月12日	0	0	0	0	0	0	0	0	0	0	0	0	0	0	0	0	0	0	0	0	0	0	0	0	0	0
12月13日	0	0	0	0	0	0	0	0	0	0.8	4	0	0	0	0	0	0.2	0	0	0.1	3.2	2.7	0	0	0	0
12月14日	0	0	0	0	0	0	0	0	0	0	0	0	0	0	0	0	0	0	0	0	3.8	6.3	0	0	0	0
12月15日	0	0	0	0	0	0	0	0	0.2	0	0	0	0	0	0	0	0	0	0	0	0	0	0	0	0	0
12月16日	0	0	0	0	0	0	0	0	0	0	0	0	0	0	0	0	0	0	0	0	0	0.3	0	0	0	0
12月17日	0	0	0	0	0	0	0	0	0.5	0.5	0	0	0	0	0	0	0.4	0	0	0	0	0	0	0	0	0
12月18日	0	0	0	0	0	0	0	0	0	0	0	0	0	0	0	0	0	0	0	0	0	0	0	0	0	0
12月19日	0	0	0	0	0	0	0	0	0	0	0	0	0	0	0	0	0	0	0	0	0	0	0	0	0	0
12月20日	0	0	0	0	0	0	0	0	0	0	0	0	0	0	0	0	0.1	0	0	0	0	0	0	0	0	0
12月21日	0	1.6	0	0	0	0	0	0	0	0	0	0	0	0	0	0	0	0	0	0	0	0	0	0	0	0
12月22日	0	0	0	0	0	0	0	0	0	0	0	0	0	0	0	0	0	0	0	0	0	0	0	0	0	0
12月23日	0	0	0	0	0	0	0	0	0	0	0	0	0	0	0	0	0	0	0	0	0	0	0	0	0	0
12月24日	0	0	0	0	0	0	0	0	0	0	0	0	0	0	0	0	0	0	0	0	0	0	0	0	0	0
12月25日	0	0	0	0	0	0	0	0	0	0	0	0	0	0	0	0	0	0	0	0	0	0	0	0	0	0
12月26日	0	0.3	0	0	0	0	0	0	0	0	0	0	0	0	0	0	0	0	0	0	0	0	0	0	0	0
12月27日	0	0.5	0	0	0	0	0	0	0	0	0	0	0	0	0	0	0	0	0	0	0	0	0	0	0	0
12月28日	0	0	0	0	0	0	0	0	0	0	0	0	0.1	0	0	0	0	0	0.4	0	2.9	0	1.3	0	0	0
12月29日	0	0	0	0	0	0	0	0	0	0	0	0	1	0	0	0	0	0	2.1	6.8	0	6.1	3.7	0	0	0
12月30日	0	0	0	0	0	0	0	0	0	0	0	0	0	0	0	0	0	0	0	0	0	14.3	0	0	0	0
12月31日	0	0	0	0	0	0	0	0	0	0	0	0	0	0	0	0	0	0	0	0	0.5	0	0	0	0	0
月降水量	**0**	**3.2**	**0**	**0.1**	**0**	**0**	**1**	**0.1**	**2.4**	**4.9**	**4**	**0.1**	**1.3**	**1**	**4**	**2.3**	**5.6**	**2.2**	**4.1**	**7**	**15.1**	**34.6**	**5**	**1.1**	**1.3**	**0**

彩图 1-1　腐烂病的典型症状

彩图 1-2　苹果主干和中心干上的病瘤

彩图 1-3　苹果果实轮纹病轮纹状腐烂症状

彩图 1-4　苹果果实轮纹病的病斑上出现小黑点

彩图 1-5　苹果锈病侵染叶片造成小黄点

彩图 1-6　苹果锈病叶背面羊胡子
　　　　　状锈孢子器

彩图1-7　苹果黑星病叶片症状

彩图1-8　苹果嫩梢上的绣线菊蚜

彩图1-9　棉铃虫危害幼果

彩图1-10　卷叶蛾造成叶片卷曲

彩图1-11　苹果疫腐病菌对底层叶片的侵染

彩图1-12　苹果疫腐病果实症状

彩图1-13　苹果疫腐病发病初期离地面较近的果实往往先发病

彩图1-14　苹果疫腐病发病后期，整个果实腐烂乃至脱落，表面有白色霉层

彩图1-15　苹果疫腐病造成果实表面长出白色霉层

彩图1-16　苹果疫腐病造成果实流胶

彩图1-17　切开果实放置两天表面也长出霉层

彩图1-18　斑点落叶病叶片症状

彩图 1-19　斑点落叶病果实
　　　　症状

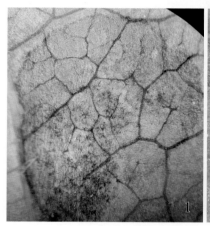
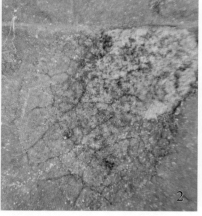

彩图 1-20　斑点落叶病单个病斑的放大，上有黑色霉层
1.叶片正面　2.叶片背面

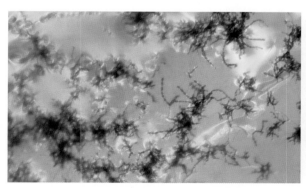

彩图 1-21　斑 点 落 叶 病 霉 层 的
　　　　放 大

彩图 1-22　在显微镜下可见串生的分生孢子

彩图 1-23　苹果锈病造成叶背长出"羊胡子"

彩图 1-24　苹果锈病果实症状

彩图 1-25　苹果褐斑病症状

彩图1-26　苹果斑点落叶病症状

彩图1-27　苹果黑点病症状

彩图1-28　苹果卷叶蛾幼虫及危害状

彩图1-29　由剪锯口引发枝条的腐烂病

彩图1-30　橘小实蝇成虫

彩图1-31　橘小实蝇
　　　　　危害果实状

彩图1-33　诱蝇球的诱虫效果

彩图1-32　果园悬挂的黄板诱虫效果

彩图1-34　苹果上的橘小实蝇成虫

彩图1-35　橘小实蝇在果实内的危害状

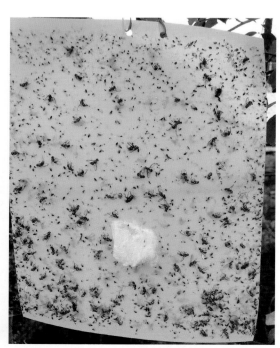

彩图1-36　白板＋引诱剂诱杀橘小实蝇雄虫　　　　彩图1-37　黄板＋引诱剂诱杀橘小实蝇雄虫

彩图 1-38　网状诱捕器+引诱剂　　　　　　　彩图 1-39　瓶状诱捕器+引诱剂

彩图 1-40　苹果褐斑病病叶　　　　　　彩图 1-41　带斑点落叶病和金纹细蛾虫斑的叶片

彩图 1-42　褐斑病和斑点落叶病混合
发生的叶片

彩图1-43　苹果树腐烂病病枝　　　　　　　　　彩图1-44　发生枝干轮纹病的病枝

彩图1-45　枝干轮纹病造成裂缝引发腐烂病

彩图1-46　绣线菊蚜有翅蚜

彩图1-47　苹果黄蚜交尾产卵

彩图2-1　苹果树腐烂病发
　　　　生严重的果园

彩图2-2　绣线菊蚜
　　　　取食花器
　　　　（4月10日）

彩图2-3　剥开花器后可见绣线菊蚜（4月13日）　　　彩图2-4　雨后花器上留下的绣线菊蚜（4月15日）

彩图2-5　最先出现在顶梢的苹果白粉病症状

彩图2-6　苹果白粉病卷叶症状

彩图2-7　苹果幼果受冻状

彩图2-8　大樱桃主枝发生日灼

彩图2-9　向阳面皮层开裂严重削弱树势

彩图2-10　大樱桃枝干上发生流胶病

彩图2-11　红颈天牛幼虫危害状

1.钻蛀造成树皮溃烂　2.钻蛀造成树皮脱落　3.钻蛀形成的孔道　4.钻蛀造成根颈部皮层脱落

彩图2-12　大樱桃桑白蚧对枝干的危害

彩图2-13　由坏死花叶病毒引起的叶片坏死症状

彩图2-14　发生坏死花叶病毒病的病叶

彩图2-15　坏死花叶病毒引起的叶斑（叶背面）
1.叶背面　2.叶正面　3.叶正面斑纹放大　4.叶背面斑纹放大

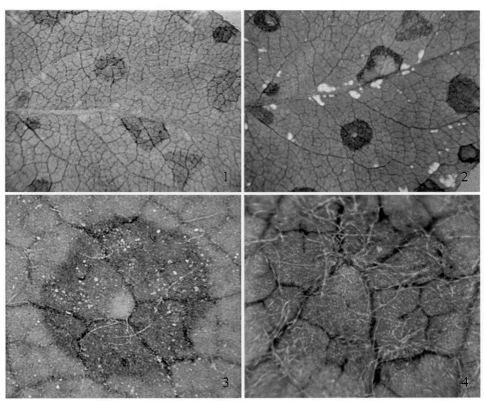

彩图2-16　果园幼果受害状

彩图2-17 果园内发现的苹果锈病

彩图2-18 苹果树受旱萎蔫落叶

彩图2-19 高温和水分失调导致的苹果生理性黄化和落叶

彩图2-20　由坏死花叶病毒病引起的病害症状　　　　彩图2-21　苹果褐斑病针芒型病斑

彩图2-22　苹果褐斑病绿缘坏死型病斑

彩图2-23　苹果褐斑病同心轮纹型病斑

彩图2-24　果园内受雹灾的果实

彩图2-25　果园中枝干上雹灾造成的伤口

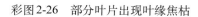
彩图2-26　部分叶片出现叶缘焦枯

彩图2-27　整个枝条叶缘焦枯

彩图2-28　整个果实叶片焦枯但不脱落

彩图2-29　根系黑褐色坏死

彩图2-30　无症状果树根系

彩图2-31　根朽病轻病树

彩图2-32　轻病树根颈部树皮暗褐色

彩图2-33　轻病树叶片暗淡卷曲

彩图2-34　轻病树根颈部的
　　　　　白色菌丝

彩图2-35　重病树

彩图2-36 死 树

彩图2-37 刨除死树后种柿长势良好

彩图2-38 斗南苹果果实炭疽病

彩图2-40 苹果绵蚜危
害苹果枝条

彩图2-39 苹果果实轮纹病症状

彩图 2-41　通过剪枝方法去除苹果绵蚜　　　　　　　　彩图 2-42　苹果煤污病症状

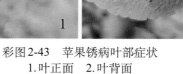

彩图 2-43　苹果锈病叶部症状
1.叶正面　2.叶背面

彩图 2-44　梨小食心虫危害苹果果实

彩图2-45　苹果锈果病症状

彩图2-46　炭疽叶枯病导致嘎拉苹果叶片早期脱落

彩图2-47　落叶后的嘎拉苹果出现二次开花

彩图2-48　炭疽叶枯病导致的果实感染

彩图2-49　炭疽叶枯病叶片症状

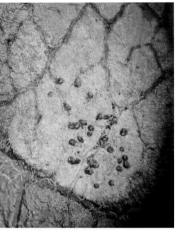

彩图2-50　炭疽叶枯病坏死斑上有小黑点

彩图2-51　坡上的嘎拉苹果炭疽叶枯病很轻

彩图2-52　同一株瑞雪苹果树上，经过套袋后锈果症状减轻

彩图3-1　苹果树腐烂病造成的侧枝溃疡

彩图3-2　苹果树上新发生多个腐烂病病斑

彩图3-3　云南苹果产区苹果黑星病症状